基于数字孪生的湖库水质安全建设关键技术与应用

林 莉 靖 争 罗平安等 著

科学出版社

北 京

内 容 简 介

本书系统探讨数字孪生技术在湖库水质管理中的应用，通过分析我国湖库水环境现状及治理挑战，指出传统方法的局限性，并介绍数字孪生技术如何通过实时监测、分析和预测，提升水质管理的精度和效率。本书涵盖湖库水质管理的多个方面，包括系统框架设计、监测感知与数据底板、专业模型构建、知识库及业务应用等。详细介绍水质专业模型、智能模型、遥感反演模型及可视化模型的构建方法，并搭建一个综合的水质安全模型平台。通过丹江口水库秋汛 170 m 蓄水事件和数字孪生南水北调中线工程等实际案例，展示数字孪生技术的实际应用效果和潜力。

本书可供从事湖库水环境管理和信息化建设的科研人员、工程技术人员参考阅读。

图书在版编目（CIP）数据

基于数字孪生的湖库水质安全建设关键技术与应用 / 林莉等著. -- 北京：科学出版社, 2025.5. -- ISBN 978-7-03-081561-3

I. X832

中国国家版本馆 CIP 数据核字第 2025T412P4 号

责任编辑：何　念　张　湾/责任校对：高　嵘
责任印制：徐晓晨/封面设计：无极书装

科学出版社 出版

北京东黄城根北街 16 号
邮政编码：100717
http://www.sciencep.com

北京中科印刷有限公司印刷
科学出版社发行　各地新华书店经销
*

开本：787×1092　1/16
2025 年 5 月第 一 版　　印张：13
2025 年 5 月第一次印刷　　字数：308 000
定价：198.00 元
（如有印装质量问题，我社负责调换）

    湖库水质安全是关系国计民生的重大问题。在我国经济社会迅猛发展及城镇化进程加速的大背景下，湖库水环境污染状况愈发严峻，已然成为制约经济可持续发展及人民生活质量提高的关键因素。党的二十大报告所强调的"加快发展方式绿色转型，深入推进环境污染防治"，无疑为湖库水质安全保障在新时期的发展指明了方向。

    传统的湖库水环境治理模式在实际应用中暴露出诸多缺陷。监测感知能力的欠缺使得对湖库水环境的动态变化难以全面、及时地把握；数据信息孤岛化现象严重，不同部门、不同系统之间的数据无法有效共享和整合，导致信息流通不畅，决策依据不充分；预警预报的滞后性使得人们在面对水质变化等问题时无法及时采取有效的应对措施；应急处置的被动性，进一步加剧了环境污染可能带来的危害。由于这些问题的存在，传统治理模式难以适应新时代对湖库水环境治理所提出的精细化、智能化及精准化的高标准要求。

    近年来，数字孪生技术应运而生，它作为新一代信息技术与物理世界深度融合的产物，为湖库水环境治理难题的破解带来了全新的视角和方法。当数字孪生技术被引入湖库水质安全建设中时，通过构建与物理湖库能够实时交互且虚实映射的数字模型，其一系列的优势得以显现。它能够实现对湖库水环境的全方位感知，无论是水质的微小变化，还是水流的动态特征，都能精准捕捉；通过精准模拟，可以对湖库水环境在不同条件下的变化趋势进行准确预测；智能预警能够在水质出现异常的第一时间发出警报，为及时采取措施争取宝贵时间；科学决策则是基于对大量数据和模型的分析，为治理方案的制订提供可靠依据。这种从"经验驱动"到"数据驱动"再到"模型智能驱动"的转变，是对绿色发展理念的积极践行，也是提升湖库水质安全保障能力的关键举措。

    本书在全面总结国内外相关研究进展的基础上，系统且深入地阐述数字孪生技术在湖库水质安全建设中的应用理论、关键技术及实践案例。全书共分为 10 章，内容涵盖湖库水环境与数字孪生技术概述、数字孪生水质安全建设挑战与需求、数字孪生湖库水质管理系统框架、监测感知与数据底板、水环境专业模型、水生态专业模型、水生态环境智能模型、知识库、业务应用、应用实例等，主要内容如下。

    （1）湖库水环境与数字孪生技术概述，分析当前我国湖库水环境的形势及水质安全所面临的主要问题，同时阐述数字孪生技术的内涵、特点及其应用于湖库水环境治理的优势，并对湖库水质安全管理的数字化转型需求进行剖析。

    （2）聚焦数字孪生水质安全建设所面临的挑战与需求，总结数字孪生水质安全平台建设过程中遇到的技术瓶颈及管理挑战。水环境系统本身极具复杂性，涉及众多物理、化学和生物过程的相互作用；不同来源、不同格式的数据需要进行有效的整合；从微观的水质变化模型到宏观的湖库生态系统模型，都需要合理地集成在一起。针对这些问题，提出顶层设计、协同创新的应对思路。

（3）构建数字孪生湖库水质管理系统的总体框架，涵盖感知层、数据层、模型层、知识层、应用层。详细阐述各层的功能定位，感知层负责数据的采集，数据层进行数据的存储和管理，模型层构建各类水质模型，知识层提供知识支持，应用层实现业务应用。同时，介绍各层的技术路线与集成方案，确保系统的整体性和协调性。

（4）重点探讨数字孪生水质安全平台的核心支撑技术，包括立体感知网络、异构数据库、多维水质模型库、知识推理引擎、可视化引擎等。深入研发了智能模型、知识挖掘等前沿方法，这些方法为平台的高效运行提供了坚实的技术支撑。

（5）针对水质监测、评估、预警、调度等业务场景，开发一系列数字孪生应用模块。这些模块可以实现业务流程的数字化再造。例如，在水质监测中，可以实时获取数据并进行分析；在水质评估中，能够基于模型和数据给出准确的评估结果；在预警中，及时发出警报并提供应对建议；在调度中，根据实际情况进行应急处置。通过这些应用模块，显著提升湖库水环境管理的信息化、智能化水平。

（6）选取丹江口水库、南水北调中线水源工程等典型湖库及重大引调水工程，开展数字孪生水质安全平台的工程化应用。通过这些实际案例，展示平台在不同环境下的应用效果，为平台推广提供极具价值的样板。

本书由长江科学院的林莉、靖争、罗平安、李晓萌、赵科锋、翟文亮和中铁大桥勘测设计院集团有限公司的刘传乾共同撰写。林莉，博士，正高级工程师，主要从事环境水利方面的科研工作，负责撰写前言，参与撰写第 1 章和第 2 章。靖争，博士，高级工程师，主要从事水环境模拟与信息化方面的科研工作，负责撰写第 5 章和第 9 章，参与撰写第 2 章和第 10 章。罗平安，硕士，高级工程师，主要从事环境水利方面的科研工作，负责撰写第 1 章和第 10 章，参与撰写第 3 章和第 5 章。李晓萌，硕士，工程师，主要从事水生态模拟与信息化方面的科研工作，负责撰写第 3 章和第 6 章，参与撰写第 7 章和第 10 章。赵科锋，硕士，工程师，主要从事水环境与水利信息化方面的科研工作，负责撰写第 4 章和第 8 章，参与撰写第 7 章、第 9 章和第 10 章。翟文亮，硕士，高级工程师，主要从事水环境与水利信息化方面的科研工作，负责撰写第 2 章和第 7 章，参与撰写第 10 章。刘传乾，硕士，高级工程师，主要从事建筑环境与信息化相关工作，参与撰写第 1 章、第 2 章和第 4 章。全书由靖争统稿和校核。

本书不仅系统阐述数字孪生技术在湖库水质安全建设中的理论基础，还结合大量实际案例，详细介绍相关技术的应用方法和实践经验，可为从事湖库水环境管理和信息化建设的科研人员、工程技术人员提供参考。本书的撰写得到了"十四五"国家重点研发计划项目"流域智慧管理平台构建关键技术及示范应用"（2023YFC3209100）、南水北调中线水源工程科研项目"数字孪生丹江口工程先行先试建设（中线水源工程部分）"（GXTC-C-22870043）等项目的资助。在此，谨向所有为本书的顺利完成付出辛勤劳动的学者表示衷心的感谢！

限于作者水平，书中难免存在不足之处，恳请广大读者批评指正。

作 者

2024 年 10 月

▶▶▶ 目　录

第 1 章

湖库水环境与数字孪生技术概述

1.1 湖库水环境现状及治理挑战

1.1.1 当前湖库水质状况

水是生命之源、生产之要、生态之基。人类文明几乎都起源于大江大河，并沿河流繁衍发展。党的十八大以来，以习近平同志为核心的党中央把生态文明建设摆在全局工作的突出位置，推进山水林田湖草沙一体化保护和修复，开展了一系列根本性、开创性、长远性工作。国家对湖库生态环境问题愈加重视，在治理投入不断加大的情况下，碧水保卫战成效显著，我国湖库富营养化的趋势得到明显遏制，水质得到明显改善，湖库生态系统健康状况已逐步恢复，湖库生态环境状况明显趋好[1]。

近年来，通过持续开展环境保护和治理，我国湖库水质整体呈现稳中向好的态势。2023 年，水质优良的重点湖库占比提升至 74.6%，较去年同期有所增长，劣 V 类水质重点湖库的占比较低，主要污染指标包括总磷 TP、化学需氧量 COD 和高锰酸盐指数 COD_{Mn}。太湖、巢湖、滇池等湖库存在不同程度的污染和富营养化问题，需要进一步加大治理和保护力度；洱海、丹江口水库和白洋淀等湖库的水质保持良好。

根据中华人民共和国生态环境部[2]公布的 2023 年全国地表水环境质量状况可知，3 641 个国家地表水考核断面中，优良（I～III 类）水质断面比例为 89.4%，同比上升 1.5 个百分点；劣 V 类水质断面比例为 0.7%，同比持平（图 1.1.1）。主要污染指标为 COD、TP 和 COD_{Mn}。

长江流域、黄河流域、珠江流域、松花江流域、淮河流域、海河流域、辽河流域七大流域及西北诸河、西南诸河和浙闽片河流

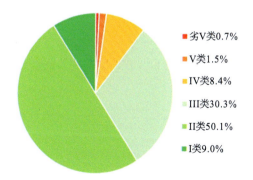

劣V类0.7%
V类1.5%
IV类8.4%
III类30.3%
II类50.1%
I类9.0%

图 1.1.1 2023 年我国地表水水质类别占比

优良（I～III 类）水质断面比例为 91.7%，同比上升 1.5 个百分点；劣 V 类水质断面比例为 0.4%，同比持平。主要污染指标为 COD、COD_{Mn} 和五日生化需氧量 BOD_5。如图 1.1.2 所示，长江流域、浙闽片河流、西北诸河、西南诸河、珠江流域和黄河流域水质为优；淮河流域、辽河流域和海河流域水质良好；松花江流域水质轻度污染。

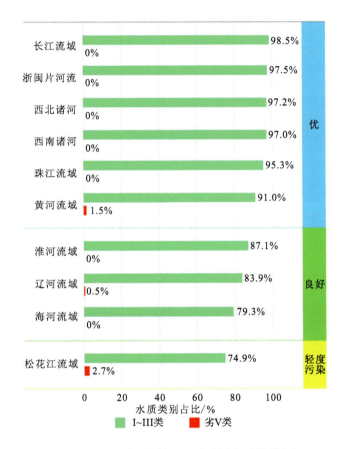

图 1.1.2　2023 年我国主要河流流域水质类别占比

监测的 209 个重点湖库中，优良（I～III 类）水质湖库个数占比 74.6%，同比上升 0.8 个百分点；劣 V 类水质湖库个数占比 4.8%，同比持平。主要污染指标为 TP、COD 和 COD_{Mn}。205 个监测营养状态的湖库中，中度富营养的湖库 8 个，占比 3.9%；轻度富营养的湖库 48 个，占比 23.4%；其余湖库为中营养或贫营养状态。如表 1.1.1 所示，太湖和巢湖水质均为轻度污染、轻度富营养，主要污染指标为 TP；滇池水质为轻度污染、中度富营养，主要污染指标为 COD、TP 和 COD_{Mn}；洱海和白洋淀均水质良好、中营养；丹江口水库水质为优、中营养。

表 1.1.1　2023 年我国主要湖库水质及营养状态

湖库	营养状态指数		水质类别		主要污染指标（超标倍数）	富营养化情况
	2023 年	2022 年	2023 年	2022 年		
太湖	52.4	54.9	IV	IV	TP（0.04）	轻度富营养（轻度污染）
巢湖	56.6	57.7	IV	IV	TP（0.3）	轻度富营养（轻度污染）
滇池	61.6	59.9	IV	IV	COD（0.5）、TP（0.4）、COD_{Mn}（0.07）	中度富营养（轻度污染）
洱海	40.3	38.8	III	II	—	中营养（良好）
丹江口水库	31.6	32.4	II	II	—	中营养（优）
白洋淀	46.2	47.0	III	III	—	中营养（良好）

1.1.2　湖库主要污染源及特点

1. 点源污染

点源污染主要包括集中排入湖库的城镇生活污水排污口、排放工业废水的企业及湖库流域内其他固定污染源。点源污染的量可以直接测定或者定量化，包括工业废水、城镇生活污水、污水处理厂与固体废物处理厂的出水及流域其他固体排放源[3]。点源污染具有以下 5 个特点。

（1）排放点明确。点源污染有具体的排放位置，如工厂的排放管道、污水处理厂的出水口等。由于污染源位置明确，当发生污染事件时，比较容易追踪责任主体。

（2）污染物种类相对集中。由于来自特定的排放源，污染物的种类相对有限，不像面源污染那样来源多样。由于污染物相对集中，点源污染物直接排放到特定的水体或环境中，局部环境迅速恶化，直接对水生生物和生态系统造成较大影响，甚至会对公共健康、渔业、旅游业等社会经济产业产生影响。

（3）污染负荷可预测。点源污染物排放量和污染物浓度通常可以通过监测排放口来预测与量化。点源污染可以是连续的，也可以是间断的，取决于污染源的排放时间。

（4）治理技术成熟。点源污染可以通过末端治理，如设置污水处理设施，或者通过改变生产工艺来减少污染物的产生，处理技术相对成熟。

（5）易于监管和控制。由于排放点明确，点源污染的监管和控制相对容易实施，通常受到严格的法律法规约束，排放需要遵守环保标准。

2. 面源污染

面源污染也称非点源污染，是引起湖库富营养化的重要因素之一。面源污染没有单一的明确排放点，其污染物的传播和变化在时间及空间上呈现出显著的随机性与间断性。面源污染物的特征和总量受到气候条件、地形起伏、地质结构、土壤质地、植被覆盖及人类活动等多种因素的共同影响。

按照来源不同，面源污染又可以细分为农业面源污染和城市面源污染。农业面源污染，是指在农业生产活动中，不合理施用化肥、农药、塑料薄膜等，以及未能及时或适当处理畜禽和水产养殖产生的废弃物、农作物秸秆等生物质资源，导致氮、磷、有机物等营养元素在降雨作用下，通过地表径流、地下渗漏和土壤流失等途径，在土壤中过量积累或流入周围水体，进而对自然环境造成污染的现象[4]。城市面源污染，是指在降雨过程中，雨水及其形成的径流流经城镇地面、建筑物等，冲刷、聚集一系列污染物质（如氮、磷、重金属、有机物等），不经管道直接汇入河道的污染源。面源污染主要具有以下4个特点[5]。

（1）分散性。面源污染具有源头广泛和类型多变的特点，没有具体的排放点，其地理分布和具体位置难以被精确辨认与界定，导致监控难度较大。

（2）不确定性。面源污染的产生受到自然地理环境和水文气象条件等多种因素的影响，在污染物迁移到土壤和受纳水体的过程中，其发生的时间具有不确定性，且在空间分布上呈现出不均匀性。

（3）滞后性。面源污染受生物地球化学转化和水文传输过程的双重影响，农业活动中残留的氮、磷等营养元素通常会在土壤中累积，并缓慢地向外环境释放，对受纳水体的水质造成的影响可能会有所延迟。

（4）双重性。面源污染主要包含氮、磷等营养元素，如果得到合理利用，可以成为促进农业生产的宝贵资源；但如果这些营养元素流入水体或在土壤中积累过多，就会转变成污染物。

3. 内源污染

内源污染是指江河湖库水体内部由于污染物的长期积累产生的污染再排放，主要包括底泥污染、养殖污染、旅游污染、船舶污染等。具体而言，内源污染主要指进入湖泊中的营养物质通过各种物理、化学和生物作用，逐渐沉降至湖泊底质表层，当积累到一定量后再向水体释放的现象。内源污染主要具有以下特点。

（1）积累性和持久性。内源污染通常是由污染物的长期积累造成的，这些污染物在水体底部沉积并形成污染负荷，因此，即使外源污染得到控制，内源污染也可能因为污染物的长期积累而在相当长的时间内继续影响水质。

（2）再释放性。内源污染中的营养物质（如氮、磷）可以在一定条件下从底泥中释放出来，重新进入水体，导致水质恶化。内源污染会阻止水体从浊水状态向清水状态的转变，给水体的生态修复带来困难。

（3）参与生态系统循环。内源污染中的营养物质可被微生物摄入，参与生态系统的循环，但过量的营养物质会导致生态系统失衡。此外，内源污染还是蓝藻水华形成的重要因素，而蓝藻水华又能促进内源磷的释放，形成恶性循环。

（4）治理难度大。在湖库治理中，内源污染是需要考虑的重要因素。内源污染的治理相对于外源污染更为复杂，需要综合考虑物理、化学和生物等多种治理技术，包括物理治理（如底泥清淤）、化学治理（如投加化学药剂）、生物生态治理（如微生物修复）等。治理内源污染的过程中可能对水体生态系统造成一定的干扰和破坏，如底泥清淤可能导致生物多样性的减少，化学药剂的使用可能会增加水体毒性，存在二次污染的风险。

1.1.3　水环境主要治理措施及成效

1. 水环境主要治理措施

湖库水环境治理是一项综合性、系统性工程，传统的污染治理更加注重点源污染，在面源污染治理方面存在明显不足。此外，湖库水环境治理的经验表明，即使流域的外源污染排放被控制，由湖库底泥造成的内源污染，还是会影响湖库水质。鉴于这些问题，需要转变治理思路，采用流域综合治理的思想，综合考虑与水质相关的自然、技术、社会、经济等多方面的关系，构建污染源治理的流域工程体系，对湖库水环境开展系统治理[3]。

1）湖库点源污染治理措施

点源污染由于污染物集中在很小的范围内高强度排放，对局部水域的影响较大。

（1）污染源调查。通过对湖库流域范围内的点源污染开展调查，掌握流域内工业污染源、城镇生活污染源及其他各类点源污染的污染物排放情况，确定湖库污染与点源污染的对应关系，根据点源污染的影响大小，确定重点点源污染及重点污染物，为制订湖库污染综合防治方案与对策提供支撑。

（2）确定容许排放量。调查研究湖库的污染现状和规律，计算其自净能力，即水体对某种污染物在不超过其规定的最大容许浓度下的极限容量。在此基础上，结合区域环境目标，确定各类污染物的容许排放量。必要时，可构建湖库水环境数学模型，精确计算各类污染物的容许排放量并确定其排放时空规律。

（3）处理技术方案。对湖库水环境造成影响的点源污染治理工程，主要可以分为两类，即工业废水治理工程和城镇生活污水治理工程。工业废水是目前湖库水体的主要污染源，特点是水量大、污染物多、成分复杂，甚至含有有毒有害物质；不同的工业废水在水质特征、排放量、排放规律等方面存在很大的差异，对水体的污染程度也不同。城镇生活污水处理工程要针对污染源的排放途径及特点结合地方特点进行设计，对于已经建有管网的城镇，可以采用建设集中式污水处理厂的方式，有效治理污染源。

2）湖库面源污染治理措施

面源污染管控，主要从污染源和输移途径两个方面开展工作。农业面源污染是所有面源污染中较为严重的类型。虽然许多研究表明，改变农田的耕作方式和管理措施，利用不同农作物对营养元素吸收的互补性，采取合理的间作套种，能在一定程度上减少农药或养分的流失，降低面源污染负荷[6]，但更有效的方法是发展生态农业，直接控制农药和化肥的施用。径流污染的治理是在污染物的输移途径上采取适当的措施，减少排入地下或地表水体的污染物[7]。

（1）面源治理措施。面源污染来源于大量施加化肥与农药的农田、畜禽养殖、分散村落生活污水及可被冲入径流的村落固体废弃物、蓄积滞留在地面上的污染物等[8]。对于不同面源污染，应采取不同的污染源控制措施。对于农业面源污染，应减少或控制农药、化肥的施用量；对畜禽养殖和农业有机废弃物的污染控制，尽量做到资源化再利用，发展生态农业，减少废弃物的产生和污染物的流出，大大降低径流对地表或地下水体的污染。

（2）径流污染治理措施。面源污染物产生后，随径流尤其是暴雨径流流出，进入受纳水体，径流污染的控制就是在径流发生地与受纳水体之间去除径流中污染物的过程。在污染物随径流从发生地到受纳水体的输移过程中，需要经过田边沟渠、穿过水边带，进入湿地、支浜，再汇入河流，最后进入湖泊，充分利用这些有效空间，开展生态工程建设，将会大大减少水体中的氮、磷含量。与暴雨径流相关的面源污染具有突发性、大流量、低浓度的特点，针对这种特征的径流污染比较经济有效的治理技术就是生态工程与生态恢复技术，常用的有生态拦截沟渠技术、人工水塘技术、草林复合系统构建技术、人工湿地技术等[3]。

3）湖库内源污染治理措施

湖库内源污染主要包括湖库内底泥污染、养殖污染、旅游污染、船舶污染等与湖库水体直接接触，不经过输移等中间过程而直接进入湖库（水体）的污染源。

（1）底泥治理措施。底泥是内源污染物的主要富集场所，也是水体二次污染的主要潜在污染源。即便外源污染得到了有效控制，但由于内源污染的存在，水体水质仍有可能长期得不到改善。因此，对湖库污染水体的治理措施，一般是外源污染基本得到控制以后，采取工程措施清除污染底泥。对于湖库，尤其是城市附近污染底泥堆积厚度很大的局部重污染水域，环保疏浚技术的应用最为普遍，效果也最明显[9]。

（2）湖库水生植物生物量调控措施。水生植物在湖库水体营养盐循环及能量流动过程中担当着重要角色，水生植物生长过程中大量吸收水体和沉积物中的营养盐，尤其是氮、磷元素，会大大减缓水体富营养化进程，因此在湖库富营养化治理工程中恢复水生植物被认为是可取且有效的手段。但随之而来的问题是，植物体死亡后会发生死亡分解，已经吸收的营养盐又会被释放出来。因此，必须对湖库内的水生植物进行维护管理，在秋季植物收获时期，要对水生植物进行适当收割，调控水生植物生物量，以增加湖库污染物质输出量[3]。

（3）湖库养殖污染控制工程。湖库养殖污染主要来自剩余饲料和养殖物（如鱼类）的排泄物。在湖内养殖中，网箱养鱼的污染尤为突出，应该予以严格控制，在具有水源地功能的水域应取缔、禁止网箱养殖。根据湖库的水功能要求及水环境状况确定适当的养殖水域，选择合适的鱼种，采用合理的养殖密度，投放适量的难溶性饵料，加强网箱养鱼的管理是污染控制的关键与核心[3]。

2. 水环境治理成效

"绿水青山就是金山银山"，党的十八大以来，我国生态文明建设发生历史性、转折性、全局性变化，创造了举世瞩目的生态奇迹和绿色发展奇迹。通过持续开展江河湖库水环境治理，2012～2023 年，我国地表水 I～III 类优良水质断面比例提升 27.8 个百分点，达到 89.4%，已接近发达国家水平；劣 V 类水质断面比例由 13.7%下降到 0.7%。全国县级及以上城市集中式饮用水水源地水质达到或优于 III 类的比例达到 96.5%，人民群众的饮用水安全得到了有效的保障。地级及以上城市的 2 899 个黑臭水体基本得到了消除[10]。

水环境治理思想认识全面提高。水润民心，泽被万物，水是生态环境的控制性要素，保护好水、利用好水，是关乎中华民族永续发展的千年大计。习近平总书记高度重视流域生态环境保护治理工作，党的十八大以来，多次视察长江、黄河等大江大河和滇池、洱海、丹江口水库等重要湖库，多次强调要紧盯污染防治重点领域和关键环节，统筹水资源、水环境、水生态治理。各地水环境治理和保护理念发生了重大转变，"十四五"期间，通过实行健康优先与生态优先，标准和风险防控两手发力，污染治理、生态保护和气候应对统筹，协同治理与整体保护，资源和环境属性的统一，行政、技术、经济、法律、政策多措并举，社会经济和环境融合发展等七项举措，推动经济社会绿色高质量发展。

水环境治理法治体系实现系统性提升。构筑和实施了水管理法律法规制度体系，推进水治理体系和治理能力现代化。我国制定了《中华人民共和国水污染防治法》《中华人民共和国长江保护法》《地下水管理条例》等一系列法律法规条例，完成生态保护红线划定等工作，建立实施了中央生态环境保护督察制度、河湖长制、排污许可证制度等，水行政执法与刑事司法衔接、与检察公益诉讼协作等机制不断健全，夯实了水生态环境保护的法治基础；在七大流域设立了水生态环境监督管理机构，强化了水生态环境保护统一监管。18 个省份在新安江流域、赤水河流域等 13 个流域探索并开展了跨省流域上下游的横向生态保护补偿，形成了上下游、左右岸协同共治的良好局面。

流域系统治理管理全面推进。全面建立河湖长制体系，2021 年全国省市县乡村五级120 万名河湖长上岗履职，全面推进"一河（湖）一策"方案编制，开展河湖健康评价，推行幸福河湖建设。统筹推进山水林田湖草沙综合治理、系统治理、源头治理，强化流域水生态环境保护修复的统一规划、统一治理、统一调度、统一管理，利用流域省级河湖长联席会议机制，促进流域治理管理与河湖长制工作的深度融合。大力推进流域水土流失治理，2023 年，全国水土流失面积 262.76 万 km^2，比 2011 年下降 32.15 万 km^2，强烈及以上等级占比下降到 16.97%，水土保持率达到 72.56%，实现了荒山披绿、"火焰山"变"花果山"。越来越多的河流恢复生命，越来越多的流域重现生机，越来越多的河湖成为造福人民的幸福河湖。

坚持节水优先方针，实施国家节水行动，强化水资源刚性约束，推动用水方式由粗放低效向节约集约转变，加快完善节水政策和定额标准体系。2021 年我国万元国内生产总值（gross domestic product，GDP）用水量、万元工业增加值用水量较 2012 年分别下降 45%、55%。全国重要跨省江河流域水量分配基本完成。取用水监测计量体系加快建设，13 万个取水在线计量点接入全国取用水管理平台，规模以上取水在线计量率达到 75%。长江经济带、黄河流域、京津冀地区年用水量 1 万 m³ 以上的工业服务业单位实现计划用水管理全覆盖。

水质监测能力持续提升。我国已建成全球规模最大、功能最完备的水质自动监测体系。2023 年底，国控断面总数增加到 3 641 个，实现了十大流域、地级及以上城市、重要水体省市界、重要水功能区"四个全覆盖"。水质自动监测体系不断完善，提高了监测效率和数据准确性，使得水质信息能够实时更新和共享，增强了社会监督和公众参与。同时，水质监测数据也为水环境治理成效的评估提供了客观标准，有助于推动地方政府和相关部门落实水环境保护责任。

水污染事态总体得到有效控制。2007~2020 年，全国城镇污水处理量增长近 3 倍，处理能力和效率明显提升。大江大河水体中 COD、氨氮 NH_3-N、溶解氧 DO 等部分物理化学常规指标呈现向好趋势。2023 年，长江流域和黄河流域 I~III 类优良水体断面比例分别达到 98.5% 和 91.0%。重度污染的"三河"（淮河、辽河和海河）水环境质量发生了根本性变化，截至 2023 年，全国 I~III 类优良水体断面比例达到 87.1%。城市黑臭水体治理成效显著，截至 2021 年，基本消除了 295 个地级及以上城市建成区的黑臭水体，实现了社会经济和生态环境共赢。

1.1.4 水环境治理面临的主要挑战

目前，我国江河湖库水环境质量明显改善，但湖库水生态仍在退化，藻类富营养化问题没有得到根本改善，有害藻类水华频发；地下水污染严重，防控任务重，部分地区存在重金属和有毒有机物污染；全国地表水体检出的新污染物不断增加，区域水生态、饮用水安全存在风险。从长远来看，我国水环境治理还面临诸多挑战，水环境治理之路任重道远[11]。

1. 水环境治理主体责任划分不清晰

水环境治理涉及水利、生态环境、自然资源、农业农村、渔业、林草、住建等多个部门，它们共同承担流域生态保护和环境污染治理的任务，客观上存在重复管理、多头管理现象，缺乏统筹规划和综合管理，难以形成区域水环境治理体系。我国流域水环境治理体制不尽完善，流域管理机构与地方相关部门实行条块分割，流域与行政区的治理边界不能有效叠合。以行政区为单元进行生态功能区划，致使流域上下游地区、跨省界地区矛盾突出，上下游地区之间难以进行密切沟通和协作，不能有效化解流域内各利益相关者在水环境治理方面的冲突。河湖长制虽已开始全面推行，但尚未形成良性运行体系，社会认知和接受程度亟待提高。

2. 水环境治理资金投入不足

水环境治理大多属于民生工程，不能产生直接的经济效益，投资大部分依赖于政府投资。许多地区对水环境保护治理和水生态修复的投入不足，未能落实已有规划中的水生态环境保护与修复措施，没有制订水生态环境保护与修复专项行动计划。全国水生态环境治理基础设施依然比较薄弱，治理设备投入不足，治理工程建设迟缓。随着时间推移，我国城市地区的污水处理集中度在不断提升，然而，部分农村和乡镇地区由于基础设施建设的落后，污水集中处理工作面临较大挑战。在某些工业园区，缺乏必要的污水处理设施，成为水环境污染的主要源头。此外，在水环境治理方面缺乏足够的外部激励措施，影响了企业参与水生态保护和治理的积极性[12]。

3. 水环境安全风险依然普遍存在

许多化工企业选择靠近河湖建厂，长江经济带约有 30% 的环境风险企业靠近饮用水水源地，带来了潜在的饮用水安全风险。河湖滩涂底泥中的重金属积累造成了严重的环境风险，尤其是在长江流域和珠江流域的上中游地区，这些地方的重金属矿场和冶炼等工业较为集中，安全隐患不容忽视。此外，对环境激素、抗生素、微塑料等新型污染物的管理和控制能力不足，也带来了一些新的环境问题。流域水源涵养区、河湖水域及其缓冲带等重要生态空间的过度开发，导致了生态功能严重退化、生物多样性丧失、湖泊蓝藻水华问题频发等一系列生态问题[13]。2024 年，全国 207 个监测营养状态的湖库中，重度富营养的有 1 个，中度富营养的有 6 个，轻度富营养的有 55 个，藻类水华发生的风险依然较高。

4. 水环境管理信息化水平亟待提高

当前，我国虽已建成全球规模最大、功能最完备的水质自动监测体系，但仍有部分水体缺乏定期的水质监测，且大部分水体的水质监测依赖人工采样监测，水质自动监测设施不足，难以实现对水质的实时监控和评估。水环境预测预警系统尚未完全建立，缺乏全面、高效的风险评估和预警机制，信息化水平不高，监测数据的收集、处理和应用还不够智能化，影响了水环境管理的决策效率和准确性；安全预警技术体系尚不完善，缺乏有效的风险识别和早期预警措施，这在一定程度上增加了水环境突发污染事件的风险，不能适应新时代流域水环境治理和管理的需要。此外，不同地区和部门之间的信息共享与联动机制还不够健全，影响了水环境管理和预警工作的协同性与整体性。

1.2 数字孪生技术概述

1.2.1 数字中国建设

党的十八大以来，以习近平同志为核心的党中央高度重视、系统谋划、统筹推进数字中国建设。2016 年，中共中央办公厅、国务院办公厅印发《国家信息化发展战略纲要》，提出要适应和引领经济发展新常态，增强发展新动力，需要将信息化贯穿我国现代化进程始终，加快释放信息化发展的巨大潜能。以信息化驱动现代化，建设网络强国，是落实"四个全面"战略布局的重要举措，是实现"两个一百年"奋斗目标和中华民族伟大复兴中国梦的必然选择。

2023 年 2 月，中共中央、国务院印发《数字中国建设整体布局规划》（以下简称《规划》），指出建设数字中国是数字时代推进中国式现代化的重要引擎，是构筑国家竞争新优势的有力支撑。加快数字中国建设，对全面建设社会主义现代化国家、全面推进中华民族伟大复兴具有重要意义和深远影响。《规划》提出，到 2025 年，基本形成横向打通、纵向贯通、协调有力的一体化推进格局，数字中国建设取得重要进展。到 2035 年，数字化发展水平进入世界前列，数字中国建设取得重大成就。数字中国建设体系化布局更加科学完备，经济、政治、文化、社会、生态文明建设各领域数字化发展更加协调充分，有力支撑全面建设社会主义现代化国家。

1.2.2 数字孪生水利建设

1. 数字孪生概念的提出

数字孪生是物联网及工业 4.0 重要技术手段。数字孪生概念最早由密歇根大学 Grieves 和 Vickers[14]提出，其定义描述最早由美国国家航空航天局（National Aeronautics and Space Administration，NASA）提出，即为更精准地分析物理实体，构建与实体等价的虚拟体或数字模型，监控实体运行的机理和状态，采集数据完善模拟体模型，为后续实体运行提供更精准的决策。数字孪生技术是一种基于物理模型、仿真模型和数据分析等技术的虚拟仿真系统，将物理系统与数字模型无缝衔接起来，可以精确地模拟物理系统的运行状态，实现实时监测、模拟仿真和预测分析等功能，为管理者提供更全面、更精准的决策支持[15]。

2. 数字孪生水利工作要求

2021 年，《中华人民共和国国民经济和社会发展第十四个五年规划和 2035 年远景目标纲要》提出了七大数字经济重点产业和十大数字化应用场景，其中，构建智慧水利体系、以流域为单位提升水情测报和智能调度能力是重点建设任务之一。

水利部党组高度重视智慧水利建设，提出智慧水利是新阶段水利高质量发展的最显著标志和六条实施路径之一，将数字孪生水利作为培育和引领水利新质生产力的主要抓手。数字孪生水利是面向新阶段水利高质量发展需求，为水利决策管理提供前瞻性、科学性、精准性、安全性支持，实现水利业务与现代信息技术融合发展的智慧水利实施措施。水利部将数字孪生流域作为智慧水利建设的核心目标，在数字孪生流域的基础上，以重大水利工程的数字孪生工程建设为抓手，推进算据、算法、算力建设，加快构建具有预报、预警、预演、预案（以下简称"四预"）功能的现代化水利工程管理体系。

2021 年以来，水利部组织编制了《关于大力推进智慧水利建设的指导意见》《智慧水利建设顶层设计》《"十四五"智慧水利建设规划》《"十四五"期间推进智慧水利建设实施方案》等系列文件，全面部署智慧水利建设，并将数字孪生流域建设作为构建智慧水利体系、实现"四预"的核心和关键；要求到 2025 年，通过建设数字孪生流域、"2+N"水利智能业务应用体系、水利网络安全体系、智慧水利保障体系，推进水利工程智能化改造，建成七大江河数字孪生流域，在重点防洪地区实现"四预"，在跨流域重大引调水工程、跨省重点河湖基本实现水资源管理与调配"四预"，N 项业务应用水平明显提升，建成智慧水利体系 1.0 版。2022 年以来，围绕当前最迫切的数字孪生流域、数字孪生水利工程、水利业务"四预"等重点工作，水利部信息中心组织编制了《数字孪生流域建设技术大纲（试行）》《数字孪生水利工程建设技术导则（试行）》《水利业务"四预"基本技术要求（试行）》《数字孪生流域共建共享管理办法（试行）》等技术文件，为全面开展水利数字孪生试点建设工作奠定了基础。

3. 数字孪生水利分类

数字孪生水利大体上可以分为数字孪生流域、数字孪生水网、数字孪生水利工程、数字孪生调水工程四种类型，四者之间互不替代、各有侧重、相对独立、互联互通、信息共享。

数字孪生流域以物理流域为单元、时空数据为底座、数学模型为核心、水利知识为驱动，对物理流域全要素和水利治理管理活动全过程进行数字映射、智能模拟、前瞻预演，与物理流域同步仿真运行、虚实交互、迭代优化，实现对物理流域的实时监控、问题发现、优化调度。

数字孪生水网以物理水网为单元、时空数据为底座、数学模型为核心、水利知识为驱动，对物理水网全要素和建设运行全过程进行数字映射、智能模拟、前瞻预演，与物理水网同步仿真运行、虚实交互、迭代优化，实现对物理水网的实时监控、联合调度、风险防范。

数字孪生水利工程以物理水利工程为单元、时空数据为底座、数学模型为核心、水利知识为驱动，对物理水利工程全要素和建设运行全过程进行数字映射、智能模拟、前瞻预演，与物理水利工程同步仿真运行、虚实交互、迭代优化，实现对物理水利工程的实时监控、问题发现、优化调度[16]。

数字孪生调水工程以物理调水工程为单元、时空数据为底座、数学模型为核心、水利知识为驱动，对物理调水工程全要素和建设运行全过程进行数字映射、智能模拟、前瞻预演，与物理调水工程同步仿真运行、虚实交互、迭代优化，实现对物理调水工程的全生命周期管理、优化设计及预测性维护。

4. 数字孪生水利"四预"功能体系

按照水利部相关要求，数字孪生的重点是加快构建具有"四预"功能的现代化水利工程管理体系。

预报的基本内涵是根据业务需求，遵循客观规律，在总结分析典型历史事件和及时掌握现状的基础上，采用基于机理揭示和规律把握、数理统计和数据挖掘技术等的数学模型方法，对水安全要素发展趋势做出不同预见期（短期、中期、长期等）的定量或定性分析，提高预报精度、延长预见期。

预警的基本内涵是根据水利工作和社会公众的需求，确定水灾害风险指标和阈值，拓宽预警信息发布渠道，及时把预警信息送达水利工作一线，为采取工程巡查、工程调度、人员转移等相应措施提供指引；及时把预警信息送达受影响区域的社会公众，为提前采取防灾避险措施提供信息服务。

预演的基本内涵是在虚拟世界对典型历史事件、设计、规划或未来预报场景下的水利工程调度进行模拟仿真，正向预演出风险形势和影响，逆向推演出水利工程安全运行限制条件，及时发现问题，提出防风险措施，迭代优化方案。

预案的基本内涵是依据预演确定的方案，制订执行预案，主要包括水利工程运用次序、时机、规则和非工程措施，明确调度机构、权限和责任，以及信息报送流程和方式等，并组织实施[16]。

1.3 湖库水质管理现状及数字化转型需求

1.3.1 湖库水质管理现状

1. 水质监测感知能力亟待提升

目前，我国一些重要江河湖库及大中型水利工程已经建立了水质自动监测站，但仍然存在自动监测设施覆盖面不够、监测要素不全面等不足，与水利高质量发展的要求相比仍存在较大差距，无法满足物理世界与虚拟世界交互所需的精准性、同步性和及时性要求。

以丹江口水库为例，丹江口库区水质监测站网于 2017 年建成，由水库管理单位南水北调中线水源有限责任公司负责运行维护。监测方式包括自动监测和人工监测，监测参数包括常规水质指标、水生生物及生物残毒等。虽然丹江口水库已建立了相对完整的水质监测站网，但仍存在以下不足：一是水质监测网络体系需要优化完善，现有点位数量、监测指标和频次有限，缺乏对主要入库河流水质的自动在线监测及 7 个自动站的每日自动监测；二是缺乏对主要入库河流的水文水质同步监测，目前只有汉江、丹江、堵河、老灌河 4 条入库河流设有水文站，其他河流尚未设置水文站，难以准确核算入库污染负荷；三是数据公开共享协作机制不够成熟，未能实现与其他部门监测数据的有效共享；四是水质垂向分层监测不足，难以全面准确掌握大水深水库的水质垂向分层分布特点，亟须建立常态化垂向水质监测制度[17]。

2. 水质趋势预测和污染预警研判不足

水质趋势预测和污染预警研判是江河湖库水环境管理的关键环节。目前，由于数据收集的局限性，预测结果难以全面反映水质状况，预测模型大多依赖历史数据，模型准确性和预报能力不足，预警和预案的精细化程度不够，水质预测趋势与实际水质变化情况存在较大偏差，在面对突发性污染事件时的预警反应不够迅速，给江河湖库水源地供水安全构成了一定的威胁。

以丹江口水库为例，虽然已初步建设了管理平台，具备水环境分析评价等基础模型，但缺少水质演变机理模型，无法有效预测推演未来水质变化趋势，难以满足水质安全"四预"需求。大数据、机理模型、智能算法等新技术在库区应用不够，水质预警能力不足，如遇各类水污染事件及季节性水质问题，无法及时获取相关信息并预测预警，智能模型研发和应用水平有待提升[17]。

3. 水质安全智慧化管理能力不足

现有的水质监测技术尚未实现高度集成，监测数据分散，难以形成统一的水质安全监控网络；不同监测机构和部门间的数据共享机制不健全，导致了数据孤岛现象，无法实现数据的最大化利用；水质管理依赖人工操作较多，缺乏智能化分析和决策支持系统，无法实现湖库水环境自动化、智能化的预警和响应。

以丹江口水库为例，目前信息化管理建设尚未实现水库外在（地理空间环境、几何结构、属性要素等）和内在（状态、相态、时态、关系、机理等）的数字化映射，距离实现预报、预警、预演、预案的"四预"功能还有一定差距。目前丹江口水库水质管理智能化还处于起步阶段，初步具备水质监测数据录入和基础情势分析的功能，但缺乏对突发水污染的预演及应对决策功能，当突发污染事件发生时无法精准模拟、预演污染物时空变化过程并提前制订处置预案[17]。

1.3.2　湖库水质管理数字化转型需求

湖泊和水库是我国饮用水水源地的重要组成部分，在我国的供水系统中占有重要地位。据统计，全国 1 093 个市县级集中式饮用水水源地中，湖库型水源地数量占比最高，达 40.6%。习近平总书记高度重视水源地保护和治理工作，始终坚持把水源涵养和水质保护作为头等大事来抓。然而，我国大部分湖库水源地监管能力不足，水质安全预警技术体系还不完善，导致水环境突发污染事件频发。

近年来，以云计算、大数据、物联网、移动互联网、人工智能、数字孪生等为代表的新兴数字技术快速发展，在全国智慧流域、数字孪生流域建设进程加快推进的大背景下，如何利用信息化技术，强化水质"四预"功能，提升湖库水环境保护的数字化、网络化、智能化水平，实现更有效的安全监管、更精准的输水调度、更高效的水质保护，成为湖库水质保护数字化转型的探索方向。

作为新阶段水利高质量发展的最显著标志和六条实施路径之一，智慧水利建设达到前所未有的高度。智慧水利相关顶层设计明确要"充分运用云计算、大数据、人工智能、物联网、数字孪生等新一代信息技术，建成具有'四预'功能的智慧水利体系"。《"十四五"智慧水利建设实施方案》进一步明确坚持"需求牵引、应用至上、数字赋能、提升能力"要求，基于数字孪生等新一代信息技术，"以数字化场景、智慧化模拟、精准化决策为路径，以网络安全为底线，通过建设集约高效的水利信息化基础设施体系、融合赋能的水利智能中枢体系、'2+N'水利智能业务应用体系、安全可控的水利网络安全防护体系，加快构建智慧水利体系"。

按照智慧水利顶层设计的总要求，借助数字孪生水利建设，不仅可以完善监测感知体系，提升工程实时运行透彻感知能力，而且可以通过加强信息基础设施建设、构筑数据底板、建设模型平台、补充知识平台等措施，极大地提升算据、算法、算力支撑水平，提升水质监测预警、水生态评价预警、突发水污染事件应急决策能力，为水利高质量发展提供有力支撑与强力驱动。

参 考 文 献

[1] 国家发展和改革委员会. 中华人民共和国国民经济和社会发展第十四个五年规划和 2035 年远景目标纲要[M]. 北京: 人民出版社, 2021.

[2] 中华人民共和国生态环境部. 生态环境部公布2023 年第四季度和1—12 月全国地表水环境质量状况[EB/OL]. (2024-01-29)[2024-10-20]. https: //www. mee. gov. cn/ywdt/xwfb/202401/t20240125_1064785. shtml.

[3] 金相灿, 等. 湖泊富营养化控制理论、方法与实践[M]. 北京: 科学出版社, 2013.

[4] 中华人民共和国农业农村部. 农业部关于打好农业面源污染防治攻坚战的实施意见[EB/OL]. (2015-09-14)[2024-10-20]. https://www.moa.gov.cn/ztzl/mywrfz/gzdt/201509/t20150914_4827910.htm.

[5] 中华人民共和国生态环境部, 中华人民共和国农业农村部. 农业面源污染治理与监督指导实施方案（试行)[EB/OL]. (2021-03-26)[2024-10-20]. https://www.mee.gov.cn/xxgk2018/xxgk/xxgk05/202103/t20210325_826163.html.

[6] 陈荷生, 华瑶青. 太湖流域非点源污染控制和治理的思考[J]. 水资源保护, 2004, 20(1): 33-36.

[7] 贺缠生, 傅伯杰, 陈利顶. 非点源污染的管理及控制[J]. 环境科学, 1998, 19(5): 87-91, 96.

[8] 彭奎, 朱波. 试论农业养分的非点源污染与管理[J]. 环境保护, 2001(1): 15-17.

[9] 张凤霞. 环保疏浚在我国的应用前景[J]. 中国水利, 2004(11): 5, 23-24.

[10] 吴丰昌. 我国水体污染控制与治理成效、科技支撑与展望[J]. 水利发展研究, 2023, 23(12): 1-8.

[11] 包晓斌. 我国水生态环境治理的困境与对策[J]. 中国国土资源经济, 2023, 36(4): 23-29.

[12] 中华人民共和国水利部. 2023 年全国水土流失动态监测显示: 我国水土流失状况持续改善 生态质量稳中向好[EB/OL]. (2024-03-21)[2024-10-20]. http: //mwr.gov.cn/xw/slyw/202403/t20240321_1707008. html.

[13] 中国社会科学院. 中国社科院报告: 全国七大流域水生态环境面临五方面问题[EB/OL]. (2021-12-22)[2024-10-20]. https: //static. nfapp. southcn. com/content/202112/22/c6064904.html.

[14] GRIEVES M, VICKERS J. Digital twin: Mitigating unpredictable, undesirable emergent behavior in complex systems[M]//KAHLEN F J, FLUMERFELT S, ALVES A. Transdisciplinary perspectives on complex systems: New findings and approaches. Berlin: Springer, 2017: 85-113.

[15] 朱思宇, 杨红卫, 尹桂平, 等. 基于数字孪生的智慧水利框架体系研究[J]. 水利水运工程学报, 2023(3): 68-74.

[16] 蔡阳. 数字孪生水利建设中应把握的重点和难点[J]. 水利信息化, 2023(3): 1-7.

[17] 林莉, 李全宏, 曹慧群, 等. 数字孪生丹江口水质安全建设挑战与举措[J]. 中国水利, 2023(11): 32-36.

▶▶▶ 第 2 章

数字孪生水质安全建设挑战与需求

2.1 数字孪生水质安全建设挑战

2.1.1 客观条件的复杂性

湖库水环境是一个开放的、动态变化的复杂巨系统，其水质状况受到自然环境、污染来源、生态过程和社会经济因素的共同影响。这种复杂性给数字孪生水质安全建设带来了巨大的挑战。

1. 自然环境复杂多变

1）自然因素影响显著

湖库水环境受气候、地形、水文等自然因素影响显著，不同地区、不同时期的水质状况差异较大，增加了数字孪生系统构建的难度。例如，我国南方地区降雨量充沛，湖泊水体更新速度快，而北方地区降雨量较少，湖泊水体更新速度慢，这导致南北地区湖泊水质特征差异显著[1]。

2）水体特性多样

湖库分布广泛，类型多样，包括淡水湖、咸水湖、人工水库等，不同类型的水体在物理、化学和生物特性上存在显著差异。例如，与淡水湖相比，咸水湖的盐度较高，水生生物种类较少[2]。

3）季节和气候变化影响水文与化学性质

湖库水质受到季节变化和气候变化的显著影响，如降雨量、气温、风力等气象因素会直接影响水体的水文和化学性质。例如，夏季高温会导致湖泊水体分层，底层水体溶解氧减少，影响水生生物的生存[3]。

4）自然灾害加剧水质波动

洪水、干旱等自然灾害会导致湖库水质急剧变化，增加了水质安全管理的难度。例如，近年来发生了多起洪涝灾害，导致大量污染物进入湖库，严重影响了湖库水质[4]。

2. 污染来源广泛且难以追踪

1）污染源多样性与排放特征复杂性

湖库水污染来源广泛，包括工业废水、生活污水、农业面源污染等。一些污染源排放具有间歇性、随机性和隐蔽性等特点，难以有效监测和追踪，为水质安全管理带来了巨大挑战。例如，一些企业为了逃避监管，会选择在夜间或雨天偷排污水，给水质监测带来很大困难[5]。

2）污染源叠加治理难度大

湖库周边的农业、工业和城镇生活污水排放是主要污染源，且各类污染物成分复杂，治理难度大。例如，长江经济带许多流域既是经济发达地区，也是农业密集区，点源污染和面源污染问题突出，水质治理难度很大[6]。

3. 生态过程与水质变化

水体中各类生物与环境因子之间存在复杂的相互作用，如藻类生长与营养盐循环、食物链传递等，增加了水质预测和模拟的不确定性。例如，富营养化湖泊中，藻类过度繁殖会导致水体溶解氧减少，鱼类等水生生物死亡，进一步加剧水质恶化[7]。

4. 社会经济因素交织影响

1）经济发展水平、产业结构、人口密度等因素影响水质

湖库水环境治理不仅涉及自然科学领域，还与社会经济发展密切相关。例如，不同地区经济发展水平、产业结构、人口密度等因素都会对水资源开发利用方式和污染物排放强度产生影响，进而影响湖库水质状况[8]。

2）湖库功能定位影响水质目标

湖库往往承担着供水、发电、航运、渔业、旅游等多种功能，人类活动对水环境产生显著影响。数字孪生系统需要综合考虑流域社会经济发展状况和湖库功能定位，制订合理的水质目标[9]。

3）利益多元诉求差异

湖库水质安全涉及多个利益相关者，包括政府部门、企业、非政府组织和公众等，不同利益群体的需求和期望差异较大。例如，企业希望减少环保投入，而公众则希望拥有更好的水环境，这些诉求差异给水质管理带来了挑战[10]。

4）数字孪生技术挑战

不同地区的经济发展水平和技术能力差异明显，这使得数字孪生技术在全国范围内的推广和应用面临挑战。例如，一些经济发达地区可以投入更多资金用于数字孪生系统的建设，而一些经济欠发达地区则难以承担高昂的建设成本[11]。

2.1.2 管理思路与技术瓶颈

当前湖库水质管理和数字孪生技术应用中存在一些亟待突破的瓶颈问题，主要体现在传统水质管理方法滞后、数据获取和融合存在困难等方面。

1. 传统水质管理方法滞后

1）人工经验数据分析局限

传统的水质管理方法主要依赖于人工经验和简单的监测数据分析，难以适应日益复杂的湖库水环境问题。现有的水质模型大多针对特定污染物或特定水域，普适性较差，难以满足精细化、动态化的水质安全管理需求。例如，传统的营养盐负荷模型难以准确模拟复杂水文条件和多污染物输入情景下的湖泊富营养化过程[12]。

2）末端治理缺失系统理念

部分地区的湖库管理仍以末端治理为主，对污染过程缺乏全面系统的把握。亟须树立山水林田湖草沙系统治理理念，加强顶层设计和统筹管理，从源头上控制污染，实现湖库水环境的整体保护和修复[13]。

3）数据孤岛问题

当前湖库水质管理中，数据采集和管理通常分散在不同部门与系统之间，数据共享和整合困难，形成数据孤岛。例如，水利部门、环保部门、气象部门等都拥有各自的水文、水质、气象数据，但缺乏有效的共享机制，难以形成数据合力。

4）传统监测手段的局限

传统的水质监测手段主要依赖人工采集和实验室分析，实时性和覆盖面有限，无法及时反映湖库水质的动态变化。例如，人工采集水样进行实验室分析，通常需要几天甚至更长时间才能得到结果，难以满足水质预警和应急管理的需求。

5）信息化水平低

部分地区的水质管理信息化水平较低，缺乏智能化管理平台和工具，难以支持高效的水质安全管理。例如，一些地区的水质监测数据仍然采用人工记录和统计的方式，效率低且容易出错。

2. 数据获取和融合存在困难

1）数据获取成本高、频率低、覆盖范围有限

数字孪生系统依赖于海量、多源、异构的数据。然而，目前水质监测数据获取成本高、频率低、覆盖范围有限，难以满足数字孪生系统对数据实时性、准确性和完整性的要求。例如，高频水质自动监测站的建设和维护成本较高，难以实现大范围布设。

2）多源、异构数据融合技术挑战大

如何有效融合水质监测数据、遥感数据、气象数据等多源、异构数据也是一个亟待解决的技术难题。不同来源的数据在时间、空间、精度、格式等方面存在差异，需要进行数据预处理、时空匹配、数据同化等操作才能进行融合分析。

3）数据基础薄弱

湖库水环境监测数据在时空覆盖上不完善，缺乏长期、高频、网格化的监测资料，难以支撑高精度的数字孪生系统构建。一些历史监测数据缺失或精度较低，难以满足数字孪生系统建设要求。

2.1.3　模型精度和计算效率有待提升

构建高精度、高效率的数字孪生模型是实现湖库水质安全管理的关键，但现有模型的计算能力还难以满足实际需求。

1. 模型复杂性与精度难以平衡

1）湖库水环境的复杂非线性特征

湖库水环境是一个复杂的非线性系统，受到物理、化学、生物和人类活动等多重因素的综合影响，各种过程相互作用，传统的线性模型难以准确模拟这种复杂性，导致预测结果与实际情况存在较大偏差。

2）现有水质模型的局限性

现有的水质模型在模拟复杂水环境过程、耦合多因素影响、预测水质变化趋势等方面仍存在较大误差。例如，一些模型难以准确模拟藻类水华的暴发、迁移和消亡过程，导致预测结果不准确。

3）大规模数据计算和模型模拟对计算资源的挑战

数字孪生系统需要处理海量数据，并进行复杂的模型模拟，这对计算资源和算法效率提出了较高要求。例如，高分辨率、长周期的水质模拟需要消耗大量的计算时间和存储空间，对硬件设备和软件算法都是一种考验。

2. 模型能力不足

1）对湖库水环境刻画精细程度有限

现有水质模型对湖库水环境的刻画精细程度有限，难以反映水体空间异质性和时间动态变化。例如，一些模型只能模拟整个湖泊的平均水质状况，无法反映不同区域、不同水深的差异。

2）对生物地球化学过程、多介质迁移转化等模拟能力不强

现有的水质模型对生物地球化学过程、多介质迁移转化等模拟能力不强，难以准确预测污染物的迁移转化规律和生态环境效应。例如，一些模型难以准确模拟重金属在水体、底泥和生物体内的迁移转化过程，导致环境风险评估结果存在偏差。

3）预测的时空尺度和精度难以满足管理需求

现有的水质模型预测的时空尺度和精度难以满足精细化、动态化的水质安全管理需求。例如，一些模型只能进行月尺度或季节尺度的预测，无法满足水质预警和应急管理的需求。

3. 高精度模型构建面临挑战

1）数据需求大、获取和处理难度高

构建高精度的数字孪生模型需要大量高质量的数据，包括水文、水质、气象、地形、土地利用等多源数据。然而，这些数据的获取和处理难度大，成本高昂。例如，高分辨率的遥感数据价格昂贵，且需要进行复杂的处理才能用于水质模型。

2）模型的精度和稳定性需要不断验证与优化

构建的数字孪生模型需要经过严格的验证和优化，才能确保其预测结果的准确性和可靠性。模型的验证和优化需要长期的监测数据积累和模型参数调整，是一个持续迭代的过程。

4. 实时监测与预警能力不足

1）传感器网络和数据传输技术限制

实现湖库水质的实时监测与预警需要高效的传感器网络和数据传输技术，满足该需求才能及时获取水质数据，并传输到数据中心进行分析处理。然而，现有的传感器技术和网络的覆盖范围还难以满足需求且存在数据安全隐患。

2）缺乏高效的预警算法和模型

现有的水质预警算法和模型难以准确预测突发性水污染事件并及时发出预警信息，为应急管理提供决策支持[14]。

2.1.4　平台集成滞后

数字孪生平台的建设需要整合多源数据、模型和工具，实现数据共享、模型协同和应用集成，但目前平台集成方面还存在一些问题。

1. 缺乏一体化的数字孪生平台

1）数据、模型和工具分散

不同来源、不同类型的数据和模型尚未有效融合，缺乏一体化的数字孪生平台，难以发挥协同增效作用，影响了数字孪生技术在管理决策中的应用效果。例如，水质监测数据、水动力模型、水质预测模型等分散在不同的系统中，难以进行联合分析和应用。

2）平台功能不完善

现有的数字孪生平台功能不完善，难以满足湖库水质安全管理的复杂需求。例如，一些平台缺乏数据可视化、模型模拟、预警分析、决策支持等功能模块。

2. 系统集成与互操作性差

1）缺乏统一的数据标准和接口

数字孪生技术需要与现有的水质管理系统进行集成，实现不同系统之间的互操作性，确保数据和信息的无缝流通。然而，目前缺乏统一的数据标准和接口，导致不同系统之间难以进行数据交换和共享。

2）系统集成难度大、成本高

现有的水质管理系统人多是独立建设的，系统架构和技术路线各不相同，将这些系统与数字孪生平台进行集成有很大的技术难度，且成本高昂。

综上所述，数字孪生水质安全建设面临着客观条件复杂和技术难度大的双重挑战。为了更好地发挥数字孪生技术在湖库水环境治理中的作用，需要积极应对这些挑战，推动相关理论、技术和应用的创新发展。

2.2 数字孪生水质安全建设需求

2.2.1 国家与行业对数字化的需求

2021 年初,《中华人民共和国国民经济和社会发展第十四个五年规划和 2035 年远景目标纲要》(本章以下简称《纲要》)颁布,明确提出"加快建设数字经济、数字社会、数字政府,以数字化转型整体驱动生产方式、生活方式和治理方式变革"。

中国共产党中央委员会在习近平总书记的领航掌舵下,将数字经济置于国家发展战略核心位置。近年来,党中央统筹制定数字中国建设顶层设计,通过颁布《国家信息化发展战略纲要》等纲领性文件,系统规划了数字化发展与数字中国建设的实施路径。习近平总书记在多个重要场合阐明,推进数字化转型升级是贯彻创新驱动发展战略的关键举措,要求以数字技术重构生产动能,赋能实体经济提质增效,最终实现高质量发展目标。这一战略部署深刻揭示了数字经济作为引领科技革命、重塑竞争优势的核心引擎作用,为新时代把握新一轮科技革命和产业变革机遇提供了根本遵循。

1. 我国数字经济发展的总体情况

在"十三五"发展阶段,我国数字经济实现跨越式增长,产业总量跃居世界第二,展现出显著的内生动力与增长韧性。数字技术加速向生产生活全链条渗透,应用场景向纵深推进,推动新型商业模式与产业形态迭代升级,持续释放创新驱动的经济活力,为高质量发展筑牢数字基石。这一发展历程不仅凸显了我国在全球数字竞争中的核心优势,更标志着经济转型升级迈入新阶段。

1)带动基础设施建设全面提速

我国数字基础设施建设突飞猛进。截至 2022 年底,我国固定宽带接入用户规模为 5.9 亿户,人口普及率达 0.418 部/人,我国移动电话用户规模为 16.83 亿户,人口普及率升至 1.192 部/人,我国已建成全球规模最大的光纤和移动宽带网络,光缆线路总长度达到 5 958 万公里。根据中国信息通信研究院发布的《2022 年移动物联网发展报告》,截至 2022 年 9 月,我国窄带物联网(narrow band-internet of things,NB-IoT)基站数达到 75.5 万个,4G 基站总数达到 593.7 万个,5G 基站总数达 222 万个。根据工信部统计数据,截至 2023 年底我国 5G 基站总数达 337.7 万个,5G 行业应用已融入 71 个国民经济大类,应用案例数超 9.4 万个。北斗三号全球卫星导航系统开通,全球范围定位精度优于 10 m。超大型数据中心全球占比达 10%以上,布局持续优化。

2)牵引产业创新实力稳步增强

我国在数字技术领域持续发力,创新活力竞相迸发。知识产权保护成效显著,专利申报数量呈现井喷式增长,为技术革新筑牢坚实根基。产业发展势头强劲,电子信息制造业增加值连续多年保持 9%以上的高速增长，软件行业更是以超 13%的年增速稳步扩张。2020 年，信息传输、软件和信息技术服务业发展态势尤为突出，实现 16.9%的同比增长。

在高端制造业领域，高技术制造业与装备制造业分别实现 7.1%和 6.6%的同比增长，展现出强大的发展韧性。工业机器人、集成电路、微型计算机设备等关键产品产量增速亮眼，分别达到 19.1%、16.2%和 12.7%。与此同时，人工智能、大数据、区块链等战略性新兴产业蓬勃发展，产业生态持续完善，配套产业链不断向专业化、协同化方向升级，推动我国数字经济迈向更高质量发展阶段。

3）助力经济结构持续优化调整

我国数字经济发展实现跨越式突破，连续六年对 GDP 增长的贡献率稳居 50%以上，成为经济增长的核心驱动力。产业数字化进程持续深化，一、二、三产业纷纷加快数字化转型步伐，企业"上云用数赋智"蔚然成风，产业数字化增加值规模保持超 20%的年均增速。在农业领域，物联网、大数据、人工智能等数字技术的应用普及率已突破 8%，有效赋能智慧农业发展。

工业数字化转型成果斐然，全国涌现出超 80 个具有行业影响力的工业互联网平台，累计连接 40 万家企业、6 000 万台（套）工业设备，工业应用程序数量突破 25 万个，推动制造业向智能化、网络化加速迈进。数字技术深度重塑商业、金融、物流等服务业态，移动支付交易规模累计近 600 万亿元，线上消费市场活力十足，全国网上零售额年均增速持续保持在 20%以上，展现出数字经济强大的发展动能。

4）支撑社会服务发展普惠均衡[11]

根据国家发展和改革委员会网站发布的《"十四五"规划〈纲要〉解读文章之 11｜建设数字中国》，"互联网+社会服务"不断深入推进，显著拓展了社会服务的覆盖范围，为群众生活带来极大便利。在线教育、智慧医疗等迅速推广并广泛普及。截至 2020 年底，线上教育用户规模在全体网民中占比达 34.6%，远程医疗用户规模占比为 21.7%。全国中小学互联网接入率高达 99.7%。网约车、共享单车等新兴业态已融入广大群众的日常出行方式。虚拟养老院、虚拟健身房等创新模式蓬勃发展。尤其在新型冠状病毒感染疫情防控时，"防疫健康码"成为人们出行的必备工具，全国各地博物馆推出的"云旅游""云看展"项目超过 2 000 项。

5）推动政务服务水平显著提高

我国电子政务建设成果斐然，在国际舞台上实现跨越式发展，电子政务发展指数国际排名攀升至第 45 位，在线服务指数更是跃居全球第 9 位。政务服务数字化程度显著提升，超 90%的事项实现网上办理，"互联网+政务服务"持续向深层次拓展。国家数据共享交换平台体系已搭建完成，全国一体化在线政务服务平台正式投入使用，成功打通 62 个部门与 32 个地方的网络、数据及业务壁垒，为跨部门数据流通与业务协作提供坚实支撑。

各地以政务服务平台为依托，积极创新服务模式，大力推行"最多跑一次""零跑腿""无接触审批"等便民利企举措，有效攻克企业群众办事过程中存在的耗时长、流程繁琐、手续复杂等痛点难点，切实提升政务服务效率与群众满意度。

2. 我国数字化发展面临的形势

当前世界正处于一个前所未有的重大转折时期，伴随着科技革新和产业转型的不断深化，数字化已成为全球经济的一个显著趋势。为了把握这一时代潮流并突出国家的竞争优势，推动数字化进程和打造数字中国成为一项关键的战略决策。面对数字化带来的各种机遇与挑战，我们必须精准地识别并有效地应对。

1）数据作为新要素深刻影响人类生产生活方式

全球发展正步入以数字化生产力为核心特征的新纪元。随着智能设备与传感装置的大规模普及应用，海量数据资源得以充分采集、深度开发与高效运用，全面融入人类社会生活的各个环节与各个领域。数字化浪潮推动劳动力、资本、土地、技术、管理等生产要素实现优化配置，促使实体经济在生产主体、生产对象、生产工具及生产模式等方面发生根本性变革。在经济社会数字化转型不断提速的趋势下，数据要素将持续释放更大潜能，成为提升经济运行效能、推动全要素生产率跃升的核心驱动力，为高质量发展注入澎湃动力。

2）数字经济成为各国经济转型升级的战略抉择

在当下的国际竞争格局中，能否及时把握数字化变革的战略机遇期，已然成为衡量国家综合实力的核心指标。世界各国纷纷将数字化列为经济发展的优先方向，通过政策规划、机构设立、资源倾斜等多种手段，加速在大数据、人工智能等前沿领域的战略布局，力求在新一轮科技革命中抢占先机。数字化不再是可选项，而是关乎国家长远发展的战略必答题，正成为各国突破经济发展瓶颈、培育增长新动能的关键支撑。

与此同时，数字全球化浪潮不可逆转，传统全球治理体系亟待革新以适应数字时代的新需求。主要经济体积极投身世界贸易组织（World Trade Organization，WTO）、二十国集团（Group of 20，G20）领导人峰会、经济合作与发展组织（Organization for Economic Cooperation and Development，OECD）等国际合作框架下的数字议题讨论，推动本国数字治理规则向国际层面延伸。在此背景下，全球数字治理规则体系正处于深度重构的关键阶段，国际竞争与合作的新秩序正在加速形成。

3）传统行业转型升级对数字化的需求日益迫切

中国经济发展已步入提质增效的新阶段，告别粗放式高速增长模式，转向内涵式高质量发展路径。数字技术作为新质生产力的核心引擎，正驱动生产与服务体系向智能化、精细化迭代，推动产业链纵向延伸、价值链向高端攀升，产业跨界融合与转型发展成为时代主流。然而，传统产业仍面临结构性矛盾，低端产能过剩与高端供给短缺并存的问题亟待破解。在此背景下，亟需充分释放信息技术的赋能效应，聚焦生产制造、供应链管理等实体经济关键环节，推动其向数字化、智能化、绿色化方向转型升级，全面重塑生产、流通、消费、贸易全链条发展模式，加速构建以国内大循环为主体、国内国际双循环相互促进的新发展格局，为经济高质量发展注入持久动能。

4）消费升级趋势为数字经济发展提供广阔市场空间

我国坐拥全球规模最大的单一数字市场，近 10 亿网民数量占全球总量的五分之一，庞大的用户基数下，数字化消费潜力亟待释放。连续八年蝉联全球网络零售额榜首的佳绩，印证了国内消费领域不断涌现的创新活力与变革趋势。进入"十四五"时期，伴随全面小康社会建成，中等收入群体持续扩容，民众对品质生活的追求愈发强烈，消费结构加速升级，为数字经济发展开辟了广阔空间，不仅成为驱动数字化进程的核心动力，也促使高质量数字发展催生出全新消费需求。在数字化浪潮的推动下，消费市场的增长潜力得到进一步挖掘。

但不容忽视的是，我国数字经济前行之路并非坦途。核心技术依赖进口的局面尚未根本扭转，适配新兴产业发展的数字治理体系仍存短板，数字经济与实体经济融合的深度和广度有待拓展，网络安全领域的风险隐患仍需警惕防范。

3. "十四五"时期建设数字中国的工作重点[11]

《纲要》明确指出，"十四五"期间要迎接数字时代，激活数据要素潜能，推进网络强国建设，加快建设数字经济、数字社会、数字政府，以数字化转型整体驱动生产方式、生活方式和治理方式变革。重点强化以下 4 方面工作。

1）打造数字经济新优势

第一，强化关键数字技术的创新与实践。聚焦高端芯片、操作系统、人工智能核心算法、传感器、通用处理器等关键领域，加速研发突破与迭代应用。前瞻布局量子计算、量子通信等前沿技术，大力支持数字技术开源社区等创新协作体发展，并同步完善配套政策体系，夯实技术创新根基。第二，加速数字产业化进程。大力培育新兴数字产业，全面提升通信设备、核心电子元器件、关键软件等产业发展能级。以 5G 技术为依托，积极构建多元应用场景与产业生态，在智能交通、智慧物流等重点领域开展试点示范，推动数字产业集群化、规模化发展。第三，深化产业数字化转型。启动"数字化上云"专项行动，充分发挥数据要素驱动作用，促进产业链协同升级。在重点产业与区域建设符合国际标准的工业互联网平台与数字化转型中心，推动服务业向群体设计、智能物流、现代零售等新模式转型。同时，加快智慧农业发展步伐，实现农业生产、经营及管理服务的全方位数字化升级。

2）加快数字社会建设新步伐

首先，推进教育、医疗、养老等公共服务机构的数字化转型，增强资源共享效能，提升服务质量与覆盖范围。同时，积极拓展虚拟教学、远程医疗、智能图书馆等创新服务形态，鼓励社会力量参与"互联网+公共服务"模式创新，以多样化、个性化的服务供给满足群众需求。

然后，分层分类推进智慧城市与数字乡村建设。将传感设备、通信网络等数字化基础设施纳入城市规划建设体系，对市政设施进行智能化改造升级，搭建城市级数据处理中枢。同步构建覆盖农村地区的综合信息服务网络，推动农业生产与农村生活数字化发展。

最后，着力营造高品质数字生活生态。加快智能化社区建设，实现线上线下服务与治理的深度融合。加强全民数字素养与技能教育，提升公众数字应用能力，推动数字生活全面融入社会各领域，让数字发展成果惠及全体民众。

3）提升数字政府服务新水平

首先，深化公共数据资源共享体系建设。构建国家级公共数据资源管理平台，制定详细的数据资源目录与权责清单，打破部门、层级及地域间的数据壁垒，促进数据深度整合与高效利用。稳步扩大公共数据开放范围，探索政府数据授权运营机制，释放数据要素价值。

然后，强化政务信息化协同共享机制。统筹规划政务信息化建设，优化项目管理清单，持续推进政务信息系统整合与互联互通。加强国家电子政务网络基础设施建设，提升政务信息化项目迭代更新能力，强化政务信息系统的快速部署与灵活拓展效能。

最后，提升数字政务服务质效。全面推动政府运行模式、业务流程和服务方式的数字化转型与智能化升级。深化"互联网+政务服务"应用，加快构建数字辅助决策体系，增强数字技术在公共卫生事件、自然灾害、事故灾难、社会安全等应急管理领域的支撑能力，提升政府治理现代化水平。

4）营造数字化发展新生态

一是健全数据要素市场治理体系。聚焦数据产权界定、交易流通机制、跨境传输规范等核心环节，加快构建系统完备的基础制度与标准体系，培育规范化数据交易生态。同步推进数据安全与隐私保护立法进程，贯穿数据全生命周期管理，为数据跨境流动筑牢安全防线。

二是优化数字经济政策监管环境。构建契合数字经济发展规律的法规政策框架，细化共享经济、平台经济等新兴业态管理细则，强化依法监管效能。明确反垄断法律边界，严厉整治不正当竞争行为，探索创新型监管模式，完善数字经济统计监测体系。

三是提升网络安全防护水平。完善网络安全法规标准体系，构建关键信息基础设施防护屏障，强化风险评估与审查机制。深化跨部门信息共享与协同联动，加强网络安全宣传教育，培育专业技术人才队伍。

四是深化网络空间国际合作治理。积极参与全球数字治理体系建设，推动联合国框架下网络空间国际规则制定。倡导多边协商、民主透明的全球互联网治理模式，推动关键资源公平分配。在数据保护、安全事件处置、打击网络犯罪等领域深化国际协作，促进网络文化交流互鉴。

4. 智慧水利的发展

水利作为支撑经济社会发展的基石行业，推进水利工程建设管理模式革新，平衡发展与安全诉求，是贯彻国家"十四五"规划纲要、保障经济稳健前行、维护社会稳定和谐的关键路径。为推动水利事业高质量发展，水利部门全力投入智慧水利建设，将数字孪生流域确立为核心攻坚方向。

以数字孪生流域技术为依托，水利部门启动重大水利工程数字孪生项目，着力夯实算据、算法、算力基础。期望借此搭建起集成预报、预警、预演、预案"四预"功能的现代化水利工程管理体系，达成智慧水利建设目标。

为高效推进数字孪生流域建设，2022 年 2 月，水利部发布《水利部关于开展数字孪生流域建设先行先试工作的通知》，规划在两年内，于大江大河关键河段、主要支流区域开展数字孪生流域建设试点，并在丹江口等 11 个重点水利工程实施数字孪生水利工程先行先试，以点带面推动全国数字孪生流域建设进程。

2.2.2　实际工程管理需求

以丹江口水库为例，丹江口水库是南水北调中线水源工程水源地，其水质好坏直接影响工程效益的发挥。随着国家经济社会的快速发展，库区社会经济发展与水资源保护的矛盾逐渐显现，局部区域出现富营养化趋势、消落区生态屏障功能退化、农业面源污染、岸线过度开发等问题，对丹江口水库保护管理工作构成新的挑战。《中华人民共和国长江保护法》针对丹江口库区及其上游，提出要按照饮用水水源地安全保障区、水质影响控制区、水源涵养生态建设区管理要求，加强山水林田湖草整体保护，增强水源涵养能力，保障水质稳定达标。为管好盛水的"盆"、护好"盆"中的水，确保"一泓清水永续北送"，需要不断加强河湖空间的动态感知、监测预警和监督管理能力，综合应用实用先进的信息技术手段，协调各方联动、创新管理模式，实现数据共建共享和联合监督管理，提升水质监测预警、突发水污染事件应急决策能力，提升库区水域岸线及消落区事件发现和快速反馈能力，推动智慧水源工程的建设与发展。

自南水北调中线水源工程通水以来，沿线各省市用水量及受益人口日益增加，至 2024 年 12 月 12 日，南水北调中线水源工程全面通水 10 周年，从陶岔渠首引水入渠水量已超 687 亿 m^3，南水北调中线水源工程在沿线水资源配置、保障水安全、修复水生态、改善水环境等方面发挥了重要作用。但是丹江口水库线长面广，管理任务繁重，水源管理公司人少任务重，管理压力大。借助数字孪生水源工程建设，不仅可以完善感知体系，提升工程实时运行透彻感知能力，而且可以通过加强信息基础设施建设、构筑数据底板、建设模型库和知识库等措施，极大提升算据、算法、算力支撑水平，提升水质监测预警、突发水污染事件应急决策能力，极大缓解水源管理公司管理压力。

1. 水质安全业务目标

针对丹江口水库水质安全管理的要求，开发水质安全智能分析管理系统，提供水质信息实时监控、基于时空分布的水质精确推演分析、不同调控方案下的水质模拟预演及对比、突发水污染事件下的应急响应决策，以及可视化展示等功能，实现水质监测、在线推演、预警分析、安全态势预演、方案比选、决策的全链条贯通，通过水质模拟推演模型及时掌握水库水质及污染现状，预测水质发展变化趋势。当突发污染事件发生时，基于数字孪生场景，实现污染物时空变化过程的精准模拟，提升水质安全智能分析数字孪生效果和模型效率，为风险污染物预警处置和调度调控决策提供智能化应用服务与决策支持，切实维护南水北调水质安全，确保"一泓清水永续北送"。

2. 水质安全业务流程

在已有的水质监测感知的基础上，针对库区水质预测预警能力不足、复合型污染风险难以模拟等问题和薄弱环节，升级建设库区水质安全监测可视化分析与管理、水质在线预测推演分析、水质预警分析、水质安全态势预演、水质安全预案管理全业务流程应用，建立湖库水动力水质模型，提升水库水质"四预"与水环境应急管理水平，实现水质安全智能分析，支撑水质安全运行。水质安全智能分析管理的总体业务流程如图2.2.1所示。

（1）水质安全监测可视化分析与管理。基于水质安全数据底板，实现水质监测基础信息的可视化管理，主要包括水质安全专题场景（水质安全"一张图"）、监测管理与查询展示、水质评价与分析、报表管理等。

（2）水质在线预测推演分析。利用河流和湖库水动力水质模型，通过获取实时监测数据，推断水体或水体某一地点的水质在未来的变化，掌握库区水体污染浓度的时空变化。

（3）水质预警分析。基于丹江口水库水质监测数据和模拟预测成果，根据水质标准和本底浓度突变，制订水质超标（或水质浓度变幅大）风险阈值，按照红、黄、蓝色进行分级预警，实现水库水质监测告警和预测预警（含陶岔供水风险预警）。

（4）水质安全态势预演。应用湖库水动力水质模型，根据不同情景设定边界条件，可以预测常规污染物在河流入库和水库内的传播趋势，从而了解水库内污染物浓度的时间和空间分布，以及水质的安全状况。同时，通过模拟突发性水污染事件，能够模拟污染物的传播路径，实现对污染物扩散过程的虚拟演练，评估突发事件对水质的影响范围和严重性。此外，该模型还能复演和分析历史上的水质安全事件。

（5）水质安全预案管理。根据突发水污染模拟预演结果，提出相应的对策建议（如开展加密监测、加大下泄流量、截污等），生成预案并进行动态优化，确定预案执行的部门及相关流程，预案执行完成后开展预案评估。

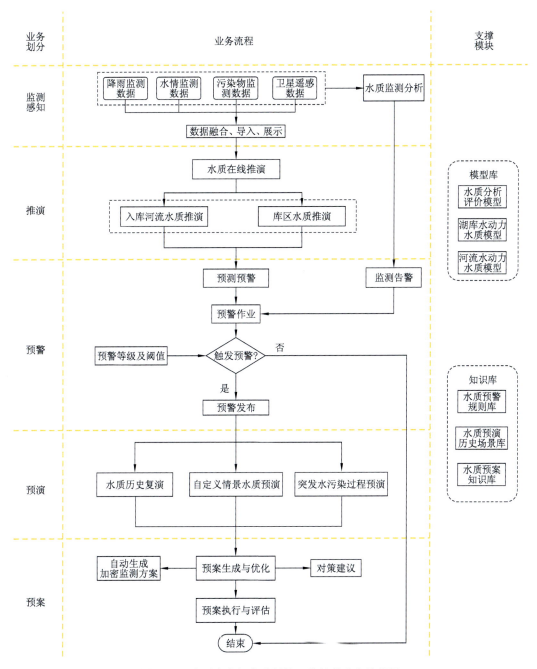

图 2.2.1　水质安全智能分析管理的总体业务流程图

参 考 文 献

[1] 夏军, 陈进, 佘敦先, 等. 变化环境下中国现代水网建设的机遇与挑战[J]. 地理学报, 2023, 78(7): 1608-1617.

[2] HAMMER U T. Saline lake ecosystems of the world[M]. Berlin: Springer Science & Business Media, 1986.

[3] 邓淋月, 刘非, 陈垚, 等. 城市化对河流碳排放的影响研究进展[J]. 人民长江, 2023, 54(5): 80-87.

[4] 魏信祥, 杨周白露, 许乃政. 极端洪涝作用下江西乐安河沿岸地下水化学组分特征及来源分析[J]. 水资源与水工程学报, 2023, 34(5): 52-60.

[5] 曹倩, 郭小雅, 马吉刚. 胶东调水工程水质安全风险分析及管控对策研究[J]. 中国水利, 2019(20): 29-32.

[6] 高东东, 张涵, 任兴念, 等. 长江上游典型季节性河流富营养化评价及污染成因分析[J]. 长江流域资源与环境, 2024, 33(3): 584-595.

[7] PAERL H W, HUISMAN J. Climate change: A catalyst for global expansion of harmful cyanobacterial blooms[J]. Environmental microbiology reports, 2009, 1(1): 27-37.

[8] VÖRÖSMARTY C J, GREEN P, SALISBURY J, et al. Global water resources: Vulnerability from climate change and population growth[J]. Science, 2000, 289(5477): 284-288.

[9] 黄海峰, 尹杨, 周毅, 等. 面向城市水安全保障的数字孪生应用研究综述[J]. 工业建筑, 2024, 54(2): 144-154.

[10] 邵莉莉. 流域生态补偿的共同立法构建: 以京津冀流域治理为例[J]. 学海, 2023(6): 170-179.

[11] 卢奕同. 长江三峡地区复合生态经济系统的协调发展及优化路径研究[D]. 北京: 北京邮电大学, 2024.

[12] 郜志云, 陈晓娟, 文一, 等. 美国湖泊调查评价技术及对我国湖泊生态环境管理的启示[J]. 中国环境管理, 2020, 12(1): 18-23.

[13] 严慈玉. 统建玫瑰南苑小区海绵改造效果研究[D]. 武汉: 湖北工业大学, 2020.

[14] 田径, 张光新, 侯迪波, 等. 基于动态编译技术的水质预警信息系统开发[J]. 中国建设信息, 2010(11): 52-54.

第**3**章

数字孪生湖库水质管理系统框架

3.1 总 体 架 构

3.1.1 信息化基础设施

信息化基础设施建设旨在采集和更新湖库水质全要素监控监测数据，确保实体工程与数字世界的实时镜像和同步运行，为湖库水质数据采集、传输存储、远程监测、计算分析、决策支持、运行管理等提供支撑和算力保障。信息化基础设施一般包括监测感知设施、通信网络设施、信息基础环境等。

1. 监测感知设施

监测感知设施是数字孪生体系的"五官"，旨在利用传感器、视频、遥感等方式去获取基础数据，经网络通信方式传输监测数据至数据底板，实现对湖库水情要素的远程监控，为系统的决策支持和智能分析提供坚实的数据基础。监测感知设施应以地面监测站网为基础，充分利用卫星遥感、北斗、无人机、无人船、视频监控等监测手段，构建自动、智能、高效的"天空地"一体化监测感知体系。

1) 地面监测站网

地面监测站网是数字孪生湖库水质管理系统的核心基础感知设施，包括水文水质自动监测站、视频监控站、气象站等，可实时采集湖库水位、流量、流速、水质和气象等数据，帮助监测人员及时掌握水域的动态信息。一般而言，地面监测站网数据具有高精度、高时效性的特征。

2) 无人机、无人船

无人机、无人船可以搭载水质传感器、光学相机、红外热成像仪等各类传感器，实现对水体中各种参数和指标（如水体温度、水体颜色、水质参数等）的实时监测与数据采集。无人机、无人船作为一种高效、灵活的监测工具，为水质监测带来了全新的视角和技术手段，极大地提升了监测效率和精度。

3）卫星遥感

卫星遥感是一项多尺度和全球性的技术，为获取高频次、大范围、全尺度的遥感数据提供了理想的方式，其在湖库水质监测中的准确性、灵敏度和时效性有着显著优势，是进行宏观性湖库水质监测的理想工具。利用遥感反演技术可以在湖库监测和应用中得到悬浮物、有机颗粒、无机盐和化学需氧量等水质信息。

2. 通信网络设施

在数字孪生系统中，通信网络设施是实现物理环境与数字系统之间实时交互的关键。它支持数据的持续传输，确保系统具备实时监测、模拟和调整的能力。卫星通信和5G等先进网络技术，为超低时延、高可靠性、精确同步和高并发等业务需求提供了基础支持。通过将卫星通信与5G技术相结合，数字孪生系统能够在偏远地区实现高效、稳定的数据传输和共享，提升系统的运行效率和应急响应能力。这种技术融合不仅有助于水利等关键基础设施的管理，还可以降低网络部署和运营的成本。

3. 信息基础环境

1）水利云

水利云是指基于云计算技术的水利信息处理和应用平台。通过云计算技术和算法模型，对监测感知设施所采集到的数据进行分析、建模和仿真，实现对湖库水质要素的数字孪生模拟。

水利云一般可分为公有云和私有云。公有云提供了高度可扩展的计算和存储资源，具有弹性和灵活性，并能够通过共享的方式降低成本。私有云则提供了更高的安全性和隐私保护，适用于对数据安全要求较高的应用场景。将公有云和私有云有机统一的水利云建设起来，可以充分发挥两者的优势。逻辑上统一的水利云，可以提供一致的服务接口和管理机制，方便用户进行资源调度和管理。同时，物理上分散的基础设施资源格局，可以提高系统的可靠性和容灾能力，确保数据的安全性和可用性。

2）调度指挥实体环境

调度指挥实体环境应结合现代技术进行优化和集成，以满足湖库水质管理和调度需求。具体来说，调度指挥实体环境包括融合通信系统、集成显示系统、综合会商系统和联合值班环境。它们一方面可以支持远程集控、方案预演、应急指挥等一体化功能，提升湖库水质管理调度效率和实时应对能力；另一方面，借助高效的通信网络，能够实现湖库管理单位和人员之间的实时通信，满足重要决策研判、突发水污染事件处置的研讨会商和调度指挥等需要。

3.1.2　数字孪生平台

数字孪生平台基于信息化基础设施，利用云计算、物联网、大数据、人工智能、空间遥感、数字仿真等技术，对物理湖库水质全要素和水利治理管理活动全过程进行数字映射，利用模型平台和知识平台实现智慧模拟、仿真推演，支撑水质业务"四预"功能实现。数字孪生平台主要包括数据底板、模型库、知识库及数字孪生引擎等。

1. 数据底板

数据底板汇聚湖库水质相关基础数据、地理空间数据、监测数据、业务管理数据及外部共享数据等数据资源。

1）基础数据

基础数据是指湖库相关水利对象的主要属性数据，如流域、湖库、水文水质监测站、水利工程等基本属性数据。

2）地理空间数据

地理空间数据包括湖库水质安全业务的数字高程模型（digital elevation model，DEM）、水下地形、三维可视化场景数据等构成的数据集合，主要用于水动力水质模型和水体可视化模型构建、空间分析等。

3）监测数据

监测数据包括湖库水文、水质监测数据等。水文监测数据包括水位数据、流量数据等，主要用于水动力水质模型的构建与率定验证。水质监测数据包括常规水质指标和目标水体特征水质指标，主要用于各类水环境专业模型的构建与率定验证。数据采集范围包括湖库入流、出流边界及湖库区重要控制断面。

4）业务管理数据

业务管理数据是指水质安全保障业务管理中产生的有关数据，一般包括水源地水质安全保障规划计划、水质管理制度、水污染事故与应急管理、监测或检测管理、供水计划管理等数据。

5）外部共享数据

外部共享数据包括从地方政府相关部门及其他机构获取的气象、遥感、取排水量、排污口、底泥内源污染、面源污染负荷等数据，以及上级部门下达的调度指令、突发水污染事件等数据。

2. 模型库

模型库为业务应用提供算法支撑。模型库建设的任务是建成标准统一、接口规范、分布部署、快速组装、敏捷复用的水利模型库，包括水利专业模型、智能模型、可视化模型。

数字孪生湖库水质管理系统水利专业模型一般包括水质分析评价模型，一维、二维、三维水动力水质模型，突发水污染事故预测模型，水质数据驱动模型等。

智能模型是指结合遥感、视频、图像等监测监控数据建设的用于水利对象识别、行为分析或事件检测的智能识别模型，其一般用于湖库水尺水位、水质参数、漂浮物、水体颜色异常等的识别分析。

可视化模型包括流场仿真模型和浓度场仿真模型，主要用于流场和水质浓度场的二维、三维仿真展示。

3. 知识库

知识库为业务应用提供知识，主要是建成结构化、自优化、自学习的水利知识库，包括水质预警规则、水质预演历史场景、水质预案知识库。

水质预警规则库应包括水质预警等级及预警阈值，用来支撑水质超标风险识别及预警信息发布。水质预演历史场景库用来支撑相似场景的快速查找匹配，支撑预演预案模拟对比。水质预案知识库主要针对湖库突发水污染事故应急处置，一般包括应急监测预案、应急调度预案等。

4. 数字孪生引擎

数字孪生引擎是一种复杂的软件系统，它利用先进的信息技术创建和维护数字孪生系统。数字孪生引擎包括数据引擎、模型引擎、知识引擎和仿真引擎。

1）数据引擎

数据引擎旨在实现数据资源的汇聚、清洗、整合，包括数据汇集、数据治理、数据挖掘、数据服务等功能。

数据汇集是将各种数据资源进行统一收集和整合的过程，涵盖了基础数据、地理空间数据、结构化数据、多媒体数据等内容。通过操作型数据存储（operational data store, ODS）数据库，将这些数据进行整理和存储，同时完成数据完整性和一致性检查。

数据治理是指对汇聚后的多源数据进行统一清洗和管理，通过构建标准化要素编码建立数据库表间关系、物化视图等方式实现多源数据业务一致。建立统一空间参考标准，构建各类型数据时间戳，实现数据时空一致。对于空间及属性数据一对多、多对一、多对多的情况，小流域、行政区划为两条主线，以水利对象为基本单元，建立实体、属性、文件、多媒体的对象关系表，维护图属关系一致，从而提升数据的规范性、一致性、可用性，避免数据冗余和相互冲突，从而提高数据的可靠性和可用性。

数据挖掘指运用统计学、机器学习、模式识别等方法从数据资源中提取要素关联关系，进行描述性、诊断性、预测性和因果性分析，帮助用户深入了解湖库流域关键元素的变化趋势和影响因素。

数据服务是指基于面向服务的体系结构（service-oriented architecture，SOA）构建面向多种服务的共享服务体系，实现数据资源在不同应用模块之间的调用与同步，同时支持与外部系统的通信和数据共享。服务类型主要包括数据服务、目录服务、功能服务。

2）模型引擎

模型引擎实现对水环境专业模型的承载和服务，具备以下核心功能：①版本管理，确保模型数据的准确性和一致性，对不同版本的模型进行有效的管理；②参数配置，为用户提供灵活的参数调整选项，满足不同业务场景下的模型需求；③组合装配，支持多种模型的组合应用，以应对复杂的水利问题，提高模型的整合效率；④计算跟踪，实时监控模型的计算过程和结果，确保模型运算的准确性和可靠性。

3）知识引擎

知识引擎利用机器学习、自然语言处理等技术，构建具备知识管理、检索、问答、图谱及推理计算等功能的湖库水质知识引擎，为水质知识库提供强有力的引擎服务支持。知识引擎包括知识抽取、知识融合、知识推理、知识存储、知识服务等。

4）仿真引擎

仿真引擎为专业应用提供实时渲染和可视化呈现支撑，具有数据加载、模型融合、场景管理、空间分析、可视仿真能力，可实现多个维度的可视化呈现，为物理工程及其运行过程的数字化映射与可视化表达提供坚实基础。

3.1.3　业务应用

结合湖库水质管理业务需求，构建数字孪生湖库水质管理应用体系，主要包括水质监测分析、水质预报、水质预警、水质预演、水质预案等业务模块。

水质监测分析：集成水质监测信息，实现水质监测数据统计分析、水质类别实时分析、综合营养评价和可视化展示，并支持水质监测站管理、监测数据交互、安全预警信息提醒等。

水质预报是指接入水文水质实时监测数据，自动调用水环境专业模型，对目标水体水质指标开展不同预见期的趋势预测。

水质预警是指根据目标水体水质监测数据和趋势预测成果，依据水质风险预警研判规则，对水质超标等风险信息进行预警，并发布预警信息。

水质预演是指对不同来水来污情景及突发污染情景下目标水体的水质时空变化模拟推演，并实现三维水体浓度场的仿真演示。

水质预案是指针对水污染事件，提出应急监测、应急处置等方案，并通过多方案比选，提出水质安全应急决策方案建议。

3.1.4　网络安全体系

网络安全体系应遵循网络安全等级保护、关键信息基础设施安全保护等有关要求，落实《中华人民共和国网络安全法》第三十三条规定的网络安全"三同步"（同步规划、同步建设、同步使用）。

网络安全体系主要包括组织管理、安全技术及数据安全等。其中，组织管理主要是建立制度、规范、流程和规程构成的网络安全管理制度标准体系，覆盖网络安全制度建设、人员管理、建设管理、运维管理、应急响应和监督检查等各项工作。安全技术是实现网络安全的关键手段，它涉及一系列技术和工具的应用，以保护网络不受威胁，主要措施包括防火墙、网络隔离、入侵检测和防御系统、加密技术等。数据安全关注的是保护存储、处理和传输中的数据不被非法访问、篡改或丢失，主要措施包括数据访问控制、数据备份、数据加密、数据脱敏等。

3.1.5　保障体系

保障体系主要包括管理制度、运维保障、标准规范等。其中，管理制度包括组织架构、安全政策、人员培训等。运维保障包括监控系统、预防性维护、应急响应、技术支持和性能优化等，以确保数字孪生系统的稳定性和可靠性。标准规范是指基于国家、水利及相关行业业务标准规范，制定一系列技术标准、操作规程、数据管理规范、接口规范、质量控制规范等，为数字孪生湖库水质管理系统的建设、运行和管理提供统一的指导与依据。

3.1.6　系统用户

数字孪生湖库水质管理系统的用户主要是湖库水源地管理单位的各级领导及各业务部门技术人员等。

3.2　应 用 架 构

数字孪生湖库水质管理系统应用架构包括：支撑平台功能模块、业务管理功能模块、辅助决策功能模块。基于业务功能视角的应用架构如图 3.2.1 所示。

（1）支撑平台功能模块：主要包括数据处理、数据储存、数据发布、数据查询、模拟仿真等功能。

（2）业务管理功能模块：主要包括监测分析、水质预报、水质预警、水质预演、水质预案模块。

（3）辅助决策功能模块：主要包括湖库水质要素全景可视等功能。

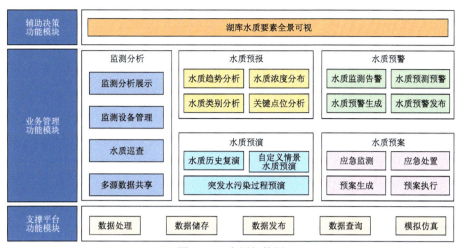

图 3.2.1 应用架构图

3.3 数据架构

　　数据是信息系统管理的重要资源，数据架构是信息技术架构的核心组成部分。因此，构建信息技术架构时，首先要确保数据架构能够有效支持业务需求。数据架构为信息技术架构规划提供了基础框架，通过对业务架构的分析，确定数据的组织和管理方式。然后，再根据这些数据需求设计应用架构，确保业务功能的顺利实施。技术架构的设计也依赖于数据架构，以确保技术基础设施能够支持数据存储、传输和处理的要求。这种规划逻辑以数据为驱动，能够确保业务、数据和技术架构之间的高效协同。数字孪生湖库水质管理系统数据架构如图 3.3.1 所示。

图 3.3.1 数据架构图

数据资源主要包括基础数据、地理空间数据、监测数据、业务管理数据、外部共享数据等内容。

数据引擎主要包括数据汇集、数据治理、数据挖掘、数据服务等内容。

数据主题主要包括历史数据、实时数据、预报数据等内容。

数据存储按照数据特性分为结构化数据、非结构化数据。非结构化数据又分为空间数据、非空间数据。

数据范围覆盖湖泊区、水库区及上下游影响区。

3.4 技 术 架 构

技术架构从基础设施、支撑平台、业务应用三个层面对需求实现（业务需求、功能需求、数据需求）进行分析，定义和描述系统的监测感知、计算资源及存储资源等基础设施的布置，数据总体流程，支撑组件、软件平台配置，应用系统搭建，三个层面之间的关系，技术架构明确了关键技术路径、软件体系架构及安全保障。

一般来说，数字孪生湖库水质管理系统建设推荐采用平台化、服务化架构，系统交互以服务化方式提供，支撑组件和公共业务服务实现中台化，支撑前端业务快速构建，实现前、中、后台分层解耦，助力应用架构。

3.4.1 技术架构图

针对项目建设的业务需求、功能需求及数据需求进行综合分析，系统技术架构设计总体上采用四个层次架构，即基础设施层、数据层、平台及服务层、业务应用层，技术架构见图 3.4.1。

3.4.2 软件体系架构

采用组件化与服务化的软件体系架构，即以标准 Web 服务和微服务结合为主的方式为业务应用提供平台及服务层支撑。系统采用模块化设计，将单一应用程序划分成多个服务或组件，每个服务或组件根据具体业务进行构建，服务之间互相协调、互相配合，提高了灵活性和可理解性，便于系统开发、运行、维护与管理，满足国产化要求，所有应用层业务均以模块化方式进行开发和集成。

后端采用 Java 进行开发，服务框架为 Spring Boot，使用 Spring Cloud 实现微服务模式。采用全局缓存管理，缓存大量静态信息，提高系统总体性能。采用对象关系映射（object-relational mapping，ORM）进行结构化查询语言（structured query language，SQL）数据库映射，解耦数据库类型和版本，支持多种数据库来源。

前端采用超文本标记语言（hypertext markup language，HTML）、JavaScript、层叠样

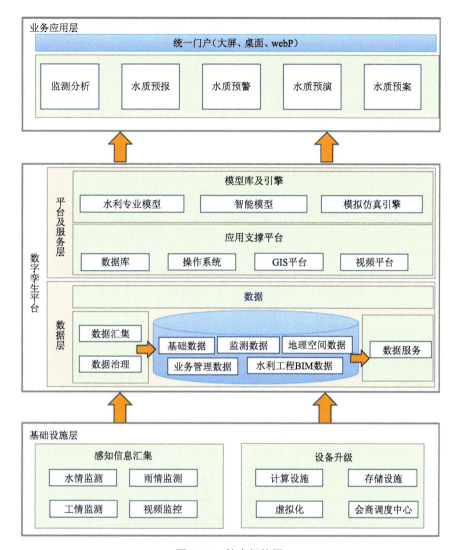

图 3.4.1 技术架构图

GIS 指地理信息系统；BIM 指建筑信息模型

式表（cascading style sheets，CSS）进行开发，将标准化组件作为前端框架，通过前后端分离技术，以服务接口的方式与后端进行数据和业务交互。三维引擎采用 GIS、BIM 结合的方式实现全场景一体化软件体系架构，如图 3.4.2 所示。

3.4.3 主要软件平台选型

1. 地理信息服务平台

地理信息服务平台是一个综合性的在线服务平台，它集合了丰富的地理信息资源，提供稳定可靠的网络环境，并通过服务接口向政府、行业和公众用户提供权威、多样化

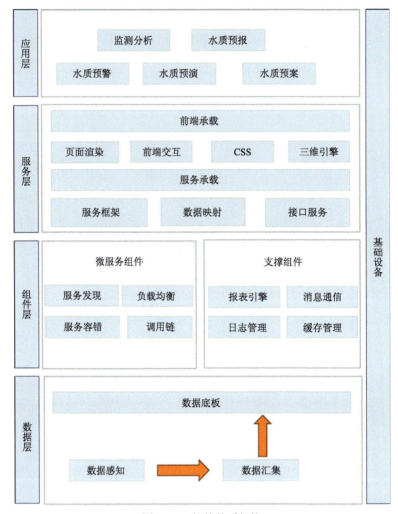

图 3.4.2　软件体系架构

的地理信息服务。这些服务通常包括基础地理信息服务，如矢量电子地图、影像电子地图、地名查询、路径分析等，以及各种专题地理信息服务。此外，平台还支持专业用户通过二次开发接口将资源嵌入已有的应用系统中，支持开展各类增值服务与应用。地理信息服务平台的目标是解决地理资源开发利用中的技术难度大、建设成本高、动态更新难等问题，并促进地理信息资源的共享与应用。

数字孪生系统建设过程中常用的地理信息服务平台为 GeoServer。GeoServer 是一个用 Java 编写的开源软件服务器，允许用户共享和编辑地理空间数据。它专为实现互操作性而设计，使用开放标准发布来自任何主要空间数据源的数据。GeoServer 满足开放式地理信息系统协会（Open GIS Consortium，OGC）制定的网络要素服务（web feature service，WFS）和网络覆盖服务（web coverage service，WCS）标准，并且兼容高性能认证的网络地图服务（web map service，WMS）。因此，GeoServer 可以发布标准的 WFS、WCS 及 WMS。

2. 数据库存储与管理平台

结构化数据以 PostgreSQL 为数据存储和管理平台；空间数据可以采用对象-关系数据库管理系统（object-relational database management system，ORDBMS）PostgreSQL 结合数据文件实现存储。

3. 模拟仿真引擎

为满足数字孪生湖库水质三维数据处理和空间分析展示等需要，采用模拟仿真引擎进行仿真渲染。常见的模拟仿真引擎包括：Unity3D、Unreal Engine、方舟（3DGIS-Ark）三维 GIS 平台。

Unity3D 是目前应用最为广泛的跨平台虚拟仿真引擎之一，由 Unity Technologies 公司研发。它支持不同的操作系统，包括 Windows、Mac、Linux、Android、iOS 等，并以其易用性、高度灵活性和丰富的资源库而受到青睐。Unity3D 拥有完整的 C#脚本语言支持，同时提供了物理引擎、动画系统、粒子系统等多种功能模块。

Unreal Engine 是由美国 Epic Games 公司开发的一款专业的游戏开发引擎，同时也被广泛应用于虚拟仿真、培训模拟等领域。它以图形渲染效果卓越、物理系统完善著称，适合进行高画质、沉浸式的虚拟仿真。

方舟（3DGIS-Ark）是一款国产三维 GIS 平台，由中国自主研发，专为满足国内复杂地理信息处理需求而设计。该平台依托物联网、大数据、云计算等现代信息技术，结合"互联网+"的创新经济形态，具备强大的数据管理和渲染能力，能够集成地形、影像、三维模型、点云等多种地理信息相关数据，在国土资源、城市规划、智慧水利等领域得到了广泛应用。

3.5　网络及安全体系架构

3.5.1　网络总体架构

网络总体架构通过将整个系统划分为多个安全区域，以实现更精细的层次化保护。其具体包括：核心网络区、互联网区、外联区、隔离区、安全管理区、服务器区、设备区、终端接入区。具体来看：①核心网络区作为网络的枢纽，负责不同网络区域之间的数据交换与转发，保障整个网络的连接和通信。②互联网区管理内部网络与外部互联网的连接，配合防火墙、入侵检测系统等安全设备，防止外部威胁进入内部网络。③外联区用于外部单位或远程机房的互联，通过专线接入并经过防火墙保护，确保与核心网络的安全连接。④隔离区部署对外提供服务的服务器，如网络服务器和虚拟专用网络（virtual private network，VPN）服务器，确保即便该区域被攻击，内部网络仍然安全。⑤安全管理区通过部署安全监控设备，如日志审计、漏洞扫描和态势感知平台，实时监控整个网络的运行状态，确保及时发现并应对潜在威胁。⑥服务器区存放用于业务支持的关键服务器设备，通常包括数据库服务器和应用服务器，需要强大的安全保护。⑦设备区主要用于管理视频会议系统等专用设备，确保这些设备的安全通信。⑧终端接入区负责管理用户终端的接入，通过终端安全管理系统确保所有接入设备符合网络的安全策略，防止未经授权的设备进入网络。这种分区策略能够有效降低网络安全风险，确保各个区域的独立性和安全性。

3.5.2　安全体系架构

数字孪生湖库水质管理系统应参照等级保护，强化安全措施，落实关键信息基础设施保护相关要求，实施重点保护。构建完善的网络安全组织管理体系、安全技术体系、安全运营体系和监督管理体系，构建集中安全管理控制平台，提升网络安全预警和处置能力，为数字孪生湖库水质管理系统建设夯实基础并提升网络安全预警和处置能力。

安全体系架构通常包括以下几个关键组成部分，以确保信息系统的安全性和稳健性。①网络安全架构：包括防火墙、入侵检测与防御系统、VPN、安全网关和隔离区等，用于防止外部攻击、控制内部网络流量和管理不同网络区域之间的访问。②身份验证与访问控制：涉及用户身份验证、授权、访问控制列表和多因素认证等技术，确保只有授权用户能够访问系统资源。③加密和数据保护：通过数据加密、密钥管理、公钥基础设施等技术，防止数据在传输和存储过程中被未授权访问或篡改。④应用安全：通过代码审计、应用程序防火墙和安全开发生命周期来保护应用程序免受漏洞和攻击的影响。⑤威胁检测与响应：包括安全信息和事件管理、端点检测与响应和态势感知系统，用于实时监控、检测并响应潜在的安全威胁。⑥备份和恢复计划：确保关键数据和系统可以在遭遇灾难性事件或攻击后快速恢复，通常包括数据备份、灾难恢复计划和业务连续性计划。⑦物理安全：包括数据中心的物理访问控制、监控和环境保护，以确保硬件设施的安全。⑧合规性与审计：定期执行审计和合规性检查，确保系统符合相关法律、法规和行业标准。通过以上层次化的安全措施，可以构建一个强健的安全体系架构，有效应对现代网络环境中的多重威胁。

第4章

监测感知与数据底板

4.1 监测感知

4.1.1 水文监测

1. 水位监测

1）监测手段

水位监测记录的历史可以追溯到古代，当时的人们已经意识到水的重要性。早在唐朝，就有人工测量水位并制作水位碑的记录，清朝时期出现了一批以观测黄河为主的水文站，20 世纪 60 年代，随着我国对水资源管理的重视，水文监测网被逐渐建立起来，水位监测方式也从石碑刻记发展到水尺观测、自动水位计监测。近些年，随着人工智能与视频监控的不断发展，通过视频智能识别水尺水位的相关技术日趋成熟，为水位监测提供了新方法。

（1）水尺观测。

传统水尺是最直接的水位观测设备，安装成本低、精度高且易验证，缺点是需人工读取数据且无法实现长期连续观测，难以满足数字孪生高频率的水位数据需求，但水尺观测结果常用于验证及校准其他水位监测数据。

（2）自动水位计监测。

自动水位计的工作原理多种多样，包括但不限于机械式、磁感应式、光电导读式等，常见的自动水位计包括自记水位计、水压水位计、超声波水位计、雷达水位计等，如图 4.1.1 所示为雷达水位计安装示意图。自动水位计具有高度自动化的特点，能够自动采集、处理和传输数据，无须人工干预，大大提高了工作效率，同时，支持远程监测和控制，使得水位管理更加便捷和高效。

使用自动水位计时，需要注意安装位置的选择。一般来说，自动水位计应安装在水体的中心位置，尽量避免外界因素的干扰。相比于传统的人工测量方式，自动水位计能够减少人力投入，降低劳动成本，提高效率和准确性，也有助于减少由人为误差导致的

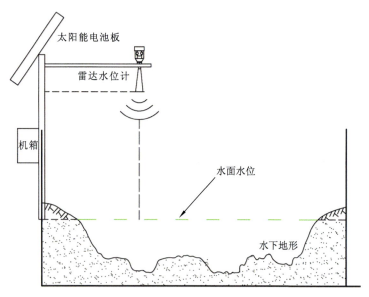

图 4.1.1　雷达水位计安装示意图

额外支出。但自动水位计的性能受到水质、泥沙、杂物等环境因素的影响，如压力探头可能会受到泥沙及杂物的堵塞，导致精度下降，在腐蚀性水质环境中，某些类型的自动水位计可能难以进行准确测量等。

自动水位计能够提供实时、准确的水位数据，可为数字孪生系统建设提供可靠的长序列数据。通过集成自动水位计的数据，数字孪生系统能够构建出精确的水位模型，实时反映水位的变化情况，这种实时数据对于预测、决策及优化水资源管理至关重要。通过结合其他相关信息，数字孪生系统能够模拟和预测水位变化趋势，进而对可能出现的问题进行预警。同时，数字孪生系统还能够根据实时数据调整和优化运行策略，实现智能化管理和控制。水位自动监测能够提升数字孪生系统的精度和智能化水平，推动技术创新和应用发展，为此，在数字孪生系统建设中，应充分利用自动水位计等先进技术，以实现更加高效、精准的水资源管理。

（3）视频智能识别。

随着计算机视觉和图像处理技术的不断发展，通过视频监控识别水尺水位成为水位自动化监测的手段之一。视频智能识别根据拍摄的水位实时视频场景，通过分析和处理视频图像，自动提取水尺信息，从而实现对水位快速、准确地测量，识别过程如图 4.1.2 所示。通过视频监控智能识别水尺水位简化了测量过程，降低了人工操作的误差，提高了测量效率。相较于传统水尺观测，视频智能识别提高了测量的安全性和便捷性。深度学习算法除了能够智能地识别和定位水尺刻度外，还具备自主学习和适应能力，能够根据实际情况进行自动调整和优化。

随着智能识别算法的不断迭代，无水尺智能识别水位技术已日趋成熟，这种技术不需要将传统的水尺作为测量基准，而是通过标定图像基准点和水位淹没位置直接识别水位信息。由于不需要安装和维护水尺，降低了成本和维护难度，但不同水域环境的光照

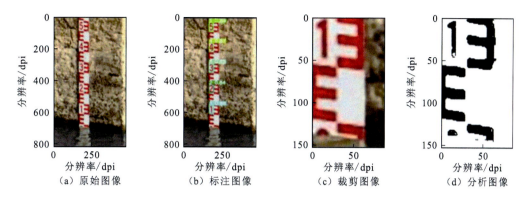

图 4.1.2 视频智能识别过程图

条件、水体状况等因素不同，可能对图像识别造成影响，为此，算法的性能和稳定性需要进一步优化与提升，以适应更复杂多变的水位监测条件。

视频智能识别是数字孪生模型建设的内容之一，通过视频监控实时获取水位数据，及时同步到数字孪生系统中，确保了数字孪生模型与实体系统之间的一致性，同时，相较于自动水位计，视频监控也有助于提高及时校验识别的精确性。

2）监测频次

在数字孪生系统建设中，水位监测数据的主要用途是为数字孪生模型提供水位边界条件。模型构建提供的水文水质数据频率越高，模型计算结果越能反映实际情况。湖库受调度、上游来水、风浪等影响，水位动态变化频率较高，因此水位监测频率不宜过低，应采用自动水位计监测或视频智能识别等手段，自动获取实时长序列水位数据，自动监测频次一般应不低于 1 h 一次。同时，应在适当位置安装人工水尺，用于定期校准或验证自动获取的水位数据，以确保数据的精确性。

3）监测位置

水位监测位置除满足观测方便、交通便利及通信条件外，还应符合相关水力条件，如河道水位监测应选择河道顺直、河床稳定和水流集中的河段，湖库水位监测宜选择在岸坡稳定、水位有代表性的地点，河口感潮水位监测宜选择河床平坦、不易冲淤、河岸稳定的河段。

水位数据是数字孪生水质安全建设的基础数据，主要用于确定水质模型出流边界条件，为真实反映湖库水位动态变化情势，水位监测涉及的位置越多，获取的水位数据越全面。考虑到监测成本、便利性等条件，无法高密度开展水位监测，针对数字孪生湖库水质安全建设，至少需要在入流断面、出流断面及湖库重要控制断面开展水位监测。其中，入流断面应布设在流量大于总入湖库流量 20%的河流，或者流量大于总入湖库流量10%且水质低于湖库水质管理标准的河流汇入口；出流断面应布设在水库坝前流态平稳区域或湖泊主要出流口前的流态平稳区域；湖库重要控制断面应根据湖库水体流动规律布设在连通性较差且水位变动较大的区域。

2. 流量监测

本章所指流量为入湖库河道（支流）流量和出湖库流量。河道流量取决于水流流速和横断面积，水流流速的大小由河底坡降和粗糙系数决定。在我国古代就有人用"流竹法"测定河水流速，从而推测流量大小，北宋时期就曾提出流量由面积与流速两个要素构成。清康熙年间辅助靳辅治河的陈潢（1637～1688 年）将计算土方的方法引入流量计算中，他将水量度量为"纵横一丈高一丈为一方"，即一立方丈为一方，而将流速概念以人行走的速度来说明，实际计算中以一昼夜流水流过多少方来"计此河能行水几方"[1]。近代的流速或流量计算公式由欧洲科学家提出，1775 年法国的谢才（Chézy）提出了著名的谢才公式，建立了明渠流速与水面比降的关系[2]；1889 年爱尔兰的曼宁（Manning）提出了曼宁公式，进一步为谢才公式的实际应用创造了便利条件[3]。随着水文监测的发展和测量技术的进步，流量监测变得更加复杂和精确，现代的流量监测基本实现了自动化。

1）监测手段

（1）浮标法。浮标法测流适用于山溪性河流和漂浮物多、暴涨暴落的洪水测验，这种方法通过观察浮标在水流中的移动来估算水流速度，具体是在测量点上游放置一个或多个浮标，然后观察浮标在一段固定距离内的移动时间，从而计算出水流速度，结合断面面积估算流量。

（2）缆道式测流系统。这种方法由简易缆道、雷达运行车、雷达表面流速仪（含水位监测）、系统控制器等组成，雷达运行车定时从停泊点开始，沿缆道行走并停到指定的测流垂线上，逐一测量所有垂线后，自动返回停泊点，根据测得数据计算河道流量，该方法适用于水文站开展大江大河定期测量作业，示意图如图 4.1.3 所示。

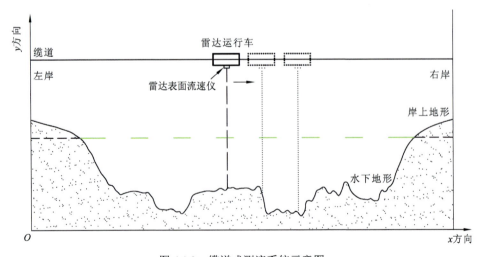

图 4.1.3　缆道式测流系统示意图

（3）声学多普勒测流仪法。该方法利用声波在流体中传播的多普勒效应来测定流体的速度，结合内置压力式水位计，计算得到河道的流量。声学多普勒测流仪法广泛用于天然河流、湖泊、水库、人工河渠、受潮汐和水工调节影响河段的流量测验，适用于流速不大于 5 m/s（理想情况不大于 3 m/s）且不小于 0.05 m/s、含沙量小于 10 kg/m³、断面稳定、水流集中、有一定水深的河流，声学多普勒测流仪见图 4.1.4。该方法具有精度高、使用方便的特点。

图 4.1.4　声学多普勒测流仪

（4）雷达岸基在线监测。其多用于河道断面宽度为 30～800 m、流态相对稳定的河段，河流表面流速宜大于 0.1 m/s。该测量设备安装方便，但需比测率定以确定水位-流量关系，根据雷达水位计测得水位，获取实时流量。

（5）视频图像解析法。随着深度学习算法的发展，在河道的特定位置安装摄像机，通过分析拍摄到的图像计算出水体在时间上的变化情况，结合河道断面形态，计算得到河道实时流量。该方法适用于较窄的小河、明渠等表面流速的测量，可以作为辅助测流手段研究使用。该方法测流实时快捷、成本低，但在浓雾、沙尘暴、极度黑夜、暴雨等恶劣环境下不宜使用。

2）监测频次

流量监测方案选择以满足水动力水质预报精度需要为准，流量自动测量频次根据设备及测量环境合理确定，一般为 1 h 一次，水位-流量关系曲线换算频次与水位监测一致。

3）监测位置

流量监测断面应包括湖库入流、出流边界，有条件的湖库可根据需要自行监测，在相应断面布置流量自动监测设备，可综合利用水文学方法进行计算补充。流量监测断面一般应满足下列要求：①入流断面应布设在流量大于总入湖库流量 20%的河流或流量大于总入湖库流量 10%且水质较差河流的入河口；②出流断面应布设在湖库主要出流口。

4.1.2　水质监测

1. 监测手段

1）人工监测

随着科技的进步，水质监测技术不断更新迭代，新技术新方法层出不穷，为数字孪生监测感知提供了新的解决方案，然而，在数字孪生先行先试建设阶段，人工监测等传统监测手段依然扮演着不可替代的角色，是数字孪生数据底板建设的重要数据来源。人工监测主要是专业人员通过便携式仪器现场监测和采集水样进行实验室检测。监测人员通过实地采样、观察和试验，可以获取水体第一手数据，这些数据往往更加准确可靠。

2）自动监测

水质自动监测站是一种用于监测和评估水体质量的自动化设备，通过传感技术、自动控制和数据处理技术，可以实时获取、分析和存储如 pH、溶解氧、浊度、化学需氧量、氨氮等水质监测数据，并实时反映水体的污染状况和水质变化趋势。

水质自动监测站是以分析仪器为核心，集电源、清洗、控制于一体，运用自动监测技术、自动控制技术、计算机技术及专用软件和网络组成的综合性系统，主要包括采水单元、配水单元、控制单元、分析监测单元和辅助单元，水质自动监测站如图 4.1.5 所示。

图 4.1.5　水质自动监测站

3）智能监测

利用卫星遥感、无人机、无人船、视频监控、智能终端、物联网等先进技术手段和仪器设备，按照"应建尽建、应接尽接"的原则，构建流域全覆盖的"天空地"一体化监测感知网，开展无人机监测、无人船监测、遥感监测、人工智能识别监测等感知能力建设。

（1）无人机监测。

受工业污染源、生活污染源及农业种植与养殖污染源影响，全国范围内江、河、湖库流域水污染事件频繁发生。当前主要的水质检测仪器还是在实验室内，需要手动取水样，送至实验室进行检测，该方式的优点是精度高，但缺点也很明显，一方面费时费力，另一方面，受时效影响，水样存在变质风险，同时，隐蔽陡峭处取样，也有人员安全风险。

无人机作为新型遥感监测平台，可以快速到达江、河、湖库等任意位置，通过搭载水质采样器或便携式水质监测仪器开展无人机遥控水质采样和无人机原位监测工作，如图 4.1.6 所示。针对排污口巡检，可以沿江、河、湖库等布置无人机自动飞行站，每天定时（如 4 h 一次）对江、河、湖库进行自动巡航，任何排污口都会被红外相机清晰记录。

图 4.1.6　无人机遥控水质采样

（2）无人船监测。

无人船通过集成自动驾驶、导航、雷达和传感器等高新科技，可以实现自动化、智能化的水质监测，如图 4.1.7 所示。无人船能够根据预设的固定路线进行自动巡航，并对水体中的关键参数进行检测，如化学需氧量、溶解氧、浊度等。通过实时数据传输和分析，及时了解现场的水质状况，并提供精准的数据。

图 4.1.7　无人船监测

与传统监测手段相比，无人船极大地提高了监测的效率。传统的监测方式需要人工采样、化验，耗时耗力且效率低。而无人船则可以自动完成采样、分析等工作，大幅缩短了监测周期。另外，无人船通过采用先进的传感器和分析技术，进行水质原位监测，可以获取更加精确的数据，避免了人为因素的干扰。

（3）遥感监测。

高光谱水质监测技术的发展可追溯到20世纪80年代，当时科学家开始利用光谱学的方法来探测和分析水体的组成。最初，该技术主要用于野外采集样本在实验室内的分析，这种方法费时费力且时效性差。随着遥感技术和光谱仪器的快速发展，20世纪90年代出现了第一代空中高光谱传感器，允许科学家从空中对大面积水域进行实时监测。这种传感器能够捕捉细微的光谱变化，使研究人员能够识别水体中不同污染物的光谱特征。进入21世纪，随着计算机技术和数据处理算法的进步，高光谱水质监测技术得到了显著提升。现代高光谱传感器不仅分辨率更高，而且拥有更强大的数据处理能力，可以即时传输和分析数据。此外，无人机和卫星平台的运用极大地扩展了监测的范围与频率。

水污染遥感监测的常用装备，有配置电子或光学仪器的飞行器（飞机、气球）或航天器（卫星）等。常用的传感器分为可见光、红外、多光谱和微波4种系统。可见光系统传感器有全景照相机、电视摄影机、激光扫描仪。红外系统传感器有红外扫描仪，红外辐射、散射仪。多光谱系统传感器有多光谱摄像机、多光谱扫描仪、多通道电视摄影机。微波系统传感器有雷达和微波全息雷达。监测时，先进行空中摄影和扫描，然后对得到的卫星或航空图片进行解释，借以判别水污染的状况。

当前，结合遥感和全球定位系统（global positioning system，GPS）等先进技术，无人机通过搭载各种高精度传感器来获取影像，影像的分辨率可达厘米级，具有进行大面积航空摄影测量、倾斜摄影测量的能力。和传统的卫星遥感相比，无人机遥感操作简便、使用灵活，搭载高光谱传感器可以获得高时空遥感数据，利用该数据可实现河道和水库的长时间精准观测，对湖库水污染状态的持续性监测和突发污染紧急排查具有重要意义。

遥感技术主要用于大面积水体的快速同步监测，不局限于时间、地点，可迅速测定水体污染特征、污染源状况等。同时，对于不同时间内的连续监测，重复成像，可以分析水污染的动态变化，预测污染变化趋势。但是，遥感技术也有一定的局限性，受水体中污染物质光谱特征不够明显的影响，该技术尚难进行定量测定，常与现场调查结合使用，通过对比校正，以提高监测精度。

目前，高光谱水质监测技术已能实现对多种水质参数的精确检测，如悬浮物浓度、叶绿素浓度、有机物污染等，为水环境管理和保护提供了强有力的技术支持。遥感光谱水质监测分定性和定量两种方法，其中定性方法通过分析遥感图像的色调特征异常对水环境化学现象进行分析评价，这种方法需要了解水环境化学现象与遥感图像色调间的关系，建立图像解译标志。定量方法建立在定性方法之上，通过获得与遥感成像同步的实测数据，建立遥感数据与监测数据的相关关系，构建模型以计算水质数据。

未来，随着人工智能和大数据分析技术的融合，高光谱水质监测技术将更加智能化、精细化。例如，叶绿素浓度遥感监测基于不同浓度浮游植物有着不同的辐射光谱特征。不同浓度浮游植物的光谱特征曲线在0.44 μm处出现明显的吸收（辐射微弱），在0.52 μm

处出现"节点"。在"节点"处,水面反射率随叶绿素浓度变化不大。在 0.55 μm 附近,普遍出现辐射峰值,而且水体叶绿素浓度越高,其辐射峰值越高。这就是叶绿素浓度遥感监测的波谱基础。

（4）人工智能识别监测。

随着人工智能、物联网等技术的广泛应用,水质监测从单纯的数据采集和处理,向更加智能化和全面化的方向发展。监测数据通过人工智能学习和训练,能够识别出各种水质参数的模式,并将这些模式与水质标准进行对比,能够准确地评估水质的状况;人工智能技术可以对大量的水质数据进行分析和处理,发现隐藏在数据背后的规律和趋势;通过训练深度学习模型,人工智能系统能够预测水质的走势和变化,为相关部门提供合理的决策和调控措施;人工智能技术可以通过数据挖掘和模式识别,从大量的水质监测数据中提取关键信息,发现水污染源并确定其溯源路径等。目前,通过视频监控,可以采集大量水体异常图像,通过人工智能模型训练和学习,已基本可以实现水体藻类、排污口异常排污等的智能识别。在实验室,通过采集大量水质人工试验检测图像,基于图像和数据标注,利用人工智能模型进行不断训练和学习,已实现水质检测结果识别。

2. 监测指标

水质人工监测指标根据管理需求进行确定,一般为《地表水环境质量标准》（GB 3838—2002）规定的 9 项或 24 项。湖库自动监测指标分为必测指标和选测指标。

（1）必测指标:水温、pH、溶解氧 DO、电导率、浊度、高锰酸盐指数 COD_{Mn}、氨氮 NH_3-N、总磷 TP、总氮 TN。

（2）选测指标:挥发酚、挥发性有机物、油类、重金属、粪大肠菌群、藻类密度等。

3. 监测频次

人工监测频次根据管理需求进行确定,原则上至少每月 1 次,必要时可根据需要采取无人船、无人机等手段辅助监测,水质自动监测频次不低于 4 h 一次。

4. 监测位置

（1）充分考虑污染源分布、水环境敏感目标、水质分区等因素,应在湖库入流和出流边界、深水区、浅水区、湖心区、岸边区等水域分别布设监测断面,并与水文监测断面相结合。

（2）若湖库水质无明显差异,采用网格法均匀布设监测位置,网格大小依据湖泊、水库面积而定,精度应满足掌握整体水质的要求。监测位置设在湖库的重要供水水源取水口,以取水口处为圆心,按扇形法在 100～1 000 m 布设若干弧形监测断面或垂线。

（3）河道型水库,应在水库上游、中游、近坝区、库尾与主要库湾回水区分别布设监测断面。

（4）湖库的监测断面布设与附近水流方向垂直;流速较小或无法判断水流方向时,以常年主导流向布设监测断面[4]。

4.2 数据类型

4.2.1 基础数据

基础数据指湖库相关水利对象的主要属性数据，主要包括流域、湖泊、河流等水系类对象，水库、水电站、堤防、蓄滞洪区、水闸、泵站、取水口、农村供水工程等水利工程对象，取用水监测站、地下水监测站、水源地水质监测站等监测站（点）类对象。

4.2.2 监测数据

通过各类监测感知手段获取各类对象的状态属性，如湖库气象、水文、水质、土壤、底泥、视频等监测数据。其中，湖库水文、水质是数字孪生水质安全建设中主要的监测数据。

水文监测数据主要由水位、流量等基础水文要素构成，监测范围涵盖湖泊（水库）支流汇入口水位流量数据、出流控制断面水位数据，以及库区重要监测断面（如坝前区、回水末端等）的连续水位数据。水文监测数据主要通过自动监测站、遥感反演等技术手段获取，可为洪水演进模拟、水资源优化调度、生态需水计算、水环境保护等专业研究提供高精度基础数据。水质监测数据包含常规水质参数（如 pH、溶解氧、浊度、电导率等）与特征污染物指标（如总磷、氨氮、重金属等目标水体特征水质指标），监测对象包括入库支流、库区垂向分层、饮用水源地保护断面等关键位置。水质监测数据主要由实验室分析、在线监测设备等多源采集方式获得，服务于水环境数学模型构建与验证工作。

4.2.3 业务管理数据

业务管理数据是支撑水质安全保障体系高效运行的核心要素，具体指在业务管理过程中形成的全流程管理数据资产。其范畴涵盖：①水质安全保障规划，如中长期发展规划、年度实施计划及专项治理方案；②标准化管理制度，涉及水源地保护规范、水处理工艺标准、水质监测规程等技术管理文件；③突发事件应急管理方案，包含多级应急预案库、污染源快速响应机制、危机处置演练方案等动态管理文档；④水利设施调度方案，重点涵盖水库生态流量调度模型、多水源联合调配方案、旱季供水保障计划等；⑤水质监控技术体系，建立包含自动监测站点网络布局、实验室检测质控标准、数据异常预警阈值等要素的监测与检测管理体系；⑥供水运营计划体系，涵盖水量需求预测、水生产调度等环节的智慧供水方案。

4.2.4　外部共享数据

水质安全业务管理的科学化决策与动态化调控,依赖于跨部门、跨层级的异构数据资源整合与共享。基于国家相关标准构建"三位一体"的外部数据共享体系,其核心是多源异构数据资源整合,包括环境要素数据集、行政管理数据库、应急响应数据流等。数据主要涵盖气象动态监测、遥感反演、污染负荷特征、取排水档案、排污监管、污染负荷、水质监测、历史案例等。

4.2.5　地理空间数据

水质安全地理空间数据主要用于机理模型、可视化模型构建及空间分析等。地理空间数据的精度和更新频次应满足水质安全模型分析计算需求。空间参考一般采用 2000 国家大地坐标系（China geodetic coordinate system 2000，CGCS2000）的投影坐标系,高程基准应采用 1985 国家高程基准。

地理空间数据是数据底板建设的重点,按照数据精度分为 L1、L2、L3 三级。L1 级主要是进行数字孪生流域中低精度面上建模,数据采集主要是采用高分七号卫星遥感影像制作 DEM 成果,主要包括资料收集整理、卫星遥感影像空中三角测量、DEM 编辑、DEM 分幅裁切、镶嵌与投影转换等过程。完成 10 m 网格间距 DEM 数据处理,主要包括对数据的质量检查与处理,以及 DEM 数据的修正处理、整合裁切等工作[5]。

L2 级是在 L1 级基础上进行数字孪生流域重点区域精细建模,主要包括无人机等航空遥感影像、河湖库及主要支流中下游航空倾斜摄影数据、河湖库水下地形、高精度 DEM 数据,以及河湖库重点对象精细化专题等数据[6]。

L3 级数据主要包括行政区划、地形地貌、土地覆盖、遥感影像、工程区域的水下地形、建筑设施及机电设备的 BIM 数据等。

4.3　数 据 结 构

4.3.1　数据汇集

面向水质安全业务管理需要,通过多数据源接入、自动化数据萃取、分布数据存储等多种信息领域技术,汇集水质安全建设全要素信息基础数据、地理空间数据、监测数据、业务管理数据及外部共享数据,集成和搭建数字孪生场景,展现水质安全业务全貌和运行状态,完成物理世界的镜像化描述,实现工程实时精准化监测[7]。

4.3.2 数据处理

面对不同的数据源，采用标准化、规范化的抽取模式，实现结构化、半结构化、非结构化的地理空间数据、实时与历史业务数据等不同类型数据资源的统一抽取、整合、加工、转换和装载。提供对接主流数据库、文件数据源、物联网数据、接口数据源、文件传输代理、前置交换等多种形态的数据源的数据接入，实现数据资源汇集调度的统一管控。

1. 数据标准化处理

汇集数据类型复杂且来源丰富，在数据处理与底板建设之前，需要统一数据资源标准，以便数据的后续衔接与集成。数据标准化包括统一空间参考、统一符号、统一语义。其中，统一空间参考主要针对影像数据、BIM、要素数据集、监测站点、地形数据等空间数据，考虑到各类型数据间融合、数据集成处理、影像服务与空间分析对统一坐标系的需求，需要在 GIS 环境中对各类空间数据进行地理参考系的定义与转换，使其处于统一空间参考之中。为了提高三维场景构建的效率与三维可视化效果，需要统一符号，建立符号化表达标准规范。为方便水利对象要素多源数据间的关联与集成，需要定义字段语义，统一标识码，使同一对象的多源数据如基础数据、地理空间数据等的对象标识码唯一，保证数据关联准确，以及字段释义、属性表达无歧义和偏差。

2. 数据融合化处理

数据底板建设中数据来源驳杂且类型丰富，需要对数据进行融合处理以满足数据底板建设要求。数字孪生数据底板建设数据融合化处理一般包括水陆融合、物陆融合、影像融合、空属融合、特征值放样融合等。

3. 数据轻量化处理

为了提高各尺度场景下数据加载效率与可视化效果，需要对数据进行轻量化处理，计划对模型数据、地形数据、矢量数据、属性数据分别进行轻量化处理，使其具备更高的实用性。数据轻量化一般包括模型轻量化、地形轻量化、矢量轻量化、属性轻量化等。

（1）模型轻量化。模型轻量化是指对 BIM 或其他水利对象三维模型的轻量化处理，采用提取外壳、三角网简化及子对象操作三种方式实现。

（2）地形轻量化。项目涉及的地形数据包括 DEM、数字正射影像图（digital orthophoto map，DOM）、数字表面模型（digital surface model，DSM）。地形轻量化主要通过区域分幅、三角网简化及子对象操作实现。

（3）矢量轻量化。矢量轻量化是指对二维矢量数据进行制图综合，根据尺度要求，对该尺度下水利对象要素的注记符号、线面要素进行综合。

（4）属性轻量化。属性轻量化是指在不同尺度下的三维场景中，水利对象要素将动态展示不同粒度的属性数据。该效果基于搜索引擎数据库完成，对象要素的基础数据与空间属性数据相关联，相关数据由搜索引擎数据库存储，并定义不同比例尺下属性数据展示的字段，从而在不同比例尺下动态查询并展示对象属性。

4.3.3 数据存储

根据存储格式，数据存储分为结构化数据、非结构化数据、流式数据库。

1. 结构化数据

结构化数据严格遵循数据格式与长度规范，一般通过关系型数据库进行存储和管理。

2. 非结构化数据

非结构化数据如办公文档、可扩展标记语言（extensible markup language，XML）、HTML、各类报表、图片和音频、视频信息等，不适合由数据库二维表进行表现。非结构化数据多应用在全文检索和各种多媒体信息处理领域。

3. 流式数据库

流式数据库是一种可以处理实时、连续数据流的数据库，旨在以低延迟和高吞吐量处理海量数据。与传统数据库在处理数据之前批量存储不同，流式数据库在生成数据后立即对其进行处理，从而实现实时洞察和分析。与不保留数据的传统流处理引擎不同，流式数据库可以存储数据并响应用户数据访问请求。

4.3.4 数据服务

数据服务实现各类数据资源的全面共享和联动更新。基于共享交换服务实现数据在各系统间的共享与交换，实现数据的上报、下发与同步。

1. 地图服务

基于业务需求，开展已有地图服务、数据服务改造和新专题图服务建设，提供共享以满足业务应用的需要。

2. 共享服务

共享服务是从数据存储中抽象出来可提供数据共享的服务，支持数据的统一访问、应用程序接口（application program interface，API）、目录服务、报表服务，同时还通过数据模型驱动支持关联分析、数据挖掘和全文检索。此外，为保持数据的生命力及系统的可持续性运行，还需开展数据运维工作，主要包含数据监控、安全管理、权限管理。

参 考 文 献

[1] 张含英. 历代治河方略[M]. 郑州: 黄河水利出版社, 2005.

[2] 赵振国, 黄春花. 明渠均匀流研究[J]. 水利学报, 2013, 44(12): 1482-1487.

[3] 王志忠, 邹继锋, 刘振江, 等. 明渠均匀流渠道断面尺寸公式[J]. 黑龙江交通科技, 1998(3): 34-36.

[4] 中华人民共和国生态环境部. 地表水环境质量监测技术规范: HJ 91.2—2022[S]. 北京: 中国标准出版社, 2022.

[5] 谢文君, 李家欢, 李鑫雨, 等. 《数字孪生流域建设技术大纲(试行)》解析[J]. 水利信息化, 2022(4): 6-12.

[6] 周妍, 魏晓雯. 数字赋能 提升能力 驱动新阶段水利高质量发展[N]. 中国水利报, 2022-01-07(004).

[7] 沈林, 石孟辰, 吕鹏, 等. 无人机遥感技术在哈密石城子灌区信息化数据底板建设中的应用[J]. 测绘通报, 2023(S1): 125-129.

第 **5** 章

水环境专业模型

5.1 水质分析评价模型

5.1.1 模型概述

构建水质分析评价模型，对丹江口水库水环境质量状态进行分析评价，支撑水质监测分析与监测告警业务。水质分析评价模型主要采用了当前国内外进行水环境质量评价或综合污染指数计算的最常用的方法，包括单因子评价法、水质综合污染指数法、综合营养状态指数法、内梅罗污染指数法等。

水质分析评价模型的输入数据为水质指标浓度监测数据及水文气象等监测数据，输出结果为水质类别、超标倍数、综合污染指数、综合营养状态指数等评价指标。以上各评价方法详见《地表水环境质量标准》（GB 3838—2002）、《环境影响评价技术导则 地表水环境》（HJ 2.3—2018）。

5.1.2 模型原理与构建流程

1. 水质评价

根据《地表水环境质量标准》（GB 3838—2002），采用单因子评价法对水质监测结果进行评价。单因子评价法求各监测结果与评价标准（表 5.1.1）的比值，根据比值是否大于 1 来评价该水体是否达到了相应的水质标准，并判定水质类别，将最差的水质类别作为水质综合评价的结果。

单因子评价法的计算公式为

$$G = \max(G_I) \tag{5.1.1}$$

式中：G 为单因子评价水质类别；G_I 为第 I 项污染物的水质类别。

表 5.1.1　地表水环境质量标准基本项目标准限值

序号	项目		分类				
			I 类	II 类	III 类	IV 类	V 类
1	水温/℃		人为造成的环境水温变化应限制在：周平均最大温升≤1；周平均最大温降≤2				
2	pH（量纲为一）		6～9				
3	溶解氧 DO/（mg/L）	≥	7.5	6.0	5.0	3.0	2.0
4	高锰酸盐指数 COD_{Mn}/（mg/L）	≤	2	4	6	10	15
5	化学需氧量 COD/（mg/L）	≤	15	15	20	30	40
6	五日生化需氧量 BOD_5/（mg/L）	≤	3	3	4	6	10
7	氨氮 NH_3-N/（mg/L）	≤	0.15	0.50	1.00	1.50	2.00
8	总磷 TP（以 P 计）/（mg/L）	≤	0.02（湖、库 0.01）	0.1（湖、库 0.025）	0.2（湖、库 0.05）	0.3（湖、库 0.1）	0.4（湖、库 0.2）
9	总氮 TN（湖、库以 N 计）/（mg/L）	≤	0.2	0.5	1.0	1.5	2.0
10	铜/（mg/L）	≤	0.01	1.00	1.00	1.00	1.00
11	锌/（mg/L）	≤	0.05	1.00	1.00	2.00	2.00
12	氟化物（以 F 计）/（mg/L）	≤	1.0	1.0	1.0	1.5	1.5
13	硒/（mg/L）	≤	0.01	0.01	0.01	0.02	0.02
14	砷/（mg/L）	≤	0.05	0.05	0.05	0.1	0.1
15	汞/（mg/L）	≤	0.000 05	0.000 05	0.000 10	0.001 00	0.001 00
16	镉/（mg/L）	≤	0.001	0.005	0.005	0.005	0.010
17	铬（六价）/（mg/L）	≤	0.01	0.05	0.05	0.05	0.10
18	铅/（mg/L）	≤	0.01	0.01	0.05	0.05	0.10
19	氰化物/（mg/L）	≤	0.005	0.05	0.2	0.2	0.2
20	挥发酚/（mg/L）	≤	0.002	0.002	0.005	0.01	0.10
21	石油类/（mg/L）	≤	0.05	0.05	0.05	0.50	1.00
22	阴离子表面活性剂/（mg/L）	≤	0.2	0.2	0.2	0.3	0.3
23	硫化物/（mg/L）	≤	0.05	0.10	0.20	0.50	1.00
24	粪大肠菌群/（个/L）	≤	200	2 000	10 000	20 000	40 000

2. 富营养化评价

参照《湖泊富营养化调查规范（第二版）》[1]，采用综合营养状态指数法，综合叶绿素 a Chl-a、TP、TN、透明度 SD 和 COD_{Mn} 等的监测结果，对水库 16 个断面的水体营养状态进行评价。综合营养状态指数法的计算公式为

$$TLI(\Sigma) = \sum_{j=1}^{m} W_j \cdot TLI(j) \tag{5.1.2}$$

式中：$TLI(\Sigma)$ 为综合营养状态指数；W_j 为第 j 种参数的营养状态指数的相关权重；$TLI(j)$ 为第 j 种参数的营养状态指数；m 为评价参数的个数。

若将 $TLI(Chl\text{-}a)$ 对营养状态的重要性作为 1，则第 j 个参数与 Chl-a 的相关关系为 r_{1j}。以 Chl-a 为基准参数，则第 j 种参数的归一化的相关权重计算公式为

$$W_j = \frac{r_{1j}^2}{\sum_{j=1}^{m} r_{1j}^2} \tag{5.1.3}$$

式中：r_{1j} 为第 j 种参数与基准参数 Chl-a 的相关系数。

中国湖库的 Chl-a 与其他参数之间的相关关系 r_{1j} 及 r_{1j}^2 见表 5.1.2。

表 5.1.2 中国湖库部分参数与 Chl-a 的相关关系 r_{1j} 及 r_{1j}^2

参数	Chl-a	TP	TN	SD	COD_{Mn}
r_{1j}	1	0.840 0	0.820 0	−0.830 0	0.830 0
r_{1j}^2	1	0.705 6	0.672 4	0.688 9	0.688 9

注：表中 r_{1j} 来源于中国 26 个主要湖泊调查数据的计算结果。

$TLI(j)$ 计算公式为

$$TLI(Chl\text{-}a) = 10 \times (2.5 + 1.086 \ln Chl\text{-}a) \tag{5.1.4}$$
$$TLI(TP) = 10 \times (9.436 + 1.624 \ln TP) \tag{5.1.5}$$
$$TLI(TN) = 10 \times (5.453 + 1.694 \ln TN) \tag{5.1.6}$$
$$TLI(SD) = 10 \times (5.118 - 1.94 \ln SD) \tag{5.1.7}$$
$$TLI(COD_{Mn}) = 10 \times (0.109 + 2.661 \ln COD_{Mn}) \tag{5.1.8}$$

其中，Chl-a 的单位为 μg/L，SD 的单位为 m，其他指标的单位均为 mg/L。

综合营养状态计算值，可分为以下 6 个级别。

贫营养：$TLI(\Sigma) < 30$。

中营养：$30 \leqslant TLI(\Sigma) \leqslant 50$。

富营养：$TLI(\Sigma) > 50$。

轻度富营养：$50 < TLI(\Sigma) \leqslant 60$。

中度富营养：$60 < TLI(\Sigma) \leqslant 70$。

重度富营养：$TLI(\Sigma) > 70$。

3. 水质综合污染指数法

水质综合污染指数法是评价水环境质量的一种重要方法。水质综合污染指数法的评价项目选取：pH、DO、COD_{Mn}、BOD_5、$NH_3\text{-}N$、挥发酚、汞、铅、石油类共计 9 项，也可以根据需要选择必要的污染物参与评价。

综合污染指数 $P \leqslant 0.8$ 为合格，表明水质指标基本上能达到相应的功能标准，个别超标（1 倍以内）；$0.8 < P \leqslant 1$ 为基本合格，有少数指标超过相应类别标准，但水体功能没有明显损害；$1 < P \leqslant 2$ 为污染，多数指标超过相应的标准，水体功能受到制约；$P > 2$ 为重污染，各项的总体均数已超过标准 1 倍，部分指标超过数倍，水体功能受到严重危害。

$$P = \frac{\sum_{i=1}^{n} P_i}{n} \tag{5.1.9}$$

$$P_i = C_i / S_i \tag{5.1.10}$$

式中：P 为综合污染指数；P_i 为第 i 种污染物单项污染指数；C_i 为第 i 种污染物实测质量浓度（mg/L）；S_i 为第 i 种污染物环境质量标准（mg/L）；n 为选取的评价项目个数。

4. 内梅罗综合污染指数

内梅罗综合污染指数是兼顾极值或称突出最大值的计权型多因子环境质量指数。单因子指数只能反映各个重金属元素的污染程度，不能全面反映土壤的污染状况，而内梅罗综合污染指数兼顾了污染指数平均值和最高值，可以突出污染较重的重金属污染物的作用，如表 5.1.3 所示，内梅罗综合污染指数的计算方法如下：

$$P_{综} = \sqrt{\frac{\overline{P}^2 + P_{i\max}^2}{2}} \tag{5.1.11}$$

式中：$P_综$ 为内梅罗综合污染指数；$P_{i\max}$ 为污染物单项指数中的最大值；$\overline{P} = \frac{1}{n}\sum_{i=1}^{n} P_i$。

表 5.1.3　内梅罗综合污染指数评判标准

综合污染等级	内梅罗综合污染指数	污染程度	污染水平
1	$P_综 \leqslant 0.7$	安全	清洁
2	$0.7 < P_综 \leqslant 1.0$	警戒线	尚清洁
3	$1.0 < P_综 \leqslant 2.0$	轻污染	污染物超过初始污染值
4	$2.0 < P_综 \leqslant 3.0$	中污染	土壤和作物污染明显
5	$P_综 > 3.0$	重污染	土壤和作物污染严重

5.1.3　实际应用场景

以丹江口水库水质评价为例展示水质分析评价模型的实际应用成果。基于每日、每月监测数据，采用水质分析评价模型，客观真实地展现丹江口库区水质监测站网运行管理维护的月度工作情况，全面系统地反映丹江口库区及其入库支流每月水质变化情况，为丹江口水库水环境管理提供依据。同时，相关成果形成每月月报，下面对 2023 年 9 月监测评价结果进行说明。

1. 2023 年 9 月水质总体评价

库内及上游支流河口 32 个断面水质总体评价情况如图 5.1.1 所示。

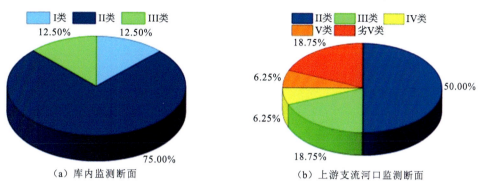

（a）库内监测断面　　　　　　　　　　（b）上游支流河口监测断面

图 5.1.1　库内及上游支流河口 32 个断面水质总体评价情况（TN、粪大肠菌群不参评）

在 TN、粪大肠菌群不参评的情况下：参照湖库标准，16 个库内监测断面水质 I 类、II 类和 III 类的所占比例分别为 12.50%、75.00% 和 12.50%，柳陂镇山跟前和孤山枢纽下为 III 类，超标指标为 TP，超标倍数分别为 0.04 和 0.20。参照河流标准，16 个上游支流河口断面 II 类、III 类、IV 类、V 类和劣 V 类的所占比例分别为 50.00%、18.75%、6.25%、6.25% 和 18.75%，其中淘沟河河口为 IV 类，超标指标为 COD_{Mn}，超标倍数为 0.07；天河河口为 V 类，超标指标为 COD，超标倍数为 0.76；官山河河口、浪河河口和剑河河口为劣 V 类，超标指标为 pH，pH 分别为 9.3、9.6 和 9.3。

库内及上游支流河口断面中，根据基本项目 24 项、补充项目 5 项及 Chl-a 和 SD 的监测结果可以看出，超标的基本项目为 pH、COD_{Mn}、COD 和 TP，16 个库内监测断面的补充项目（5 项）监测结果均小于标准限值。

2. 2023 年 9 月综合营养状态指数评价

水库综合营养状态指数评价结果如表 5.1.4 所示，16 个库内监测断面中香花镇张寨、丹库中心、仓房镇赵沟、清泉沟、凉水河-台子山和坝上（龙王庙）为贫营养状态，其他监测断面均为中营养状态。

表 5.1.4　水库综合营养状态指数评价结果

监测断面	$W_{COD_{Mn}}·$TLI(COD_{Mn})	$W_{TP}·$TLI(TP)	$W_{TN}·$TLI(TN)	$W_{SD}·$TLI(SD)	$W_{Chl-a}·$TLI(Chl-a)	TLI(Σ)	评价结果
白渡滩	6.2	3.7	10.4	6.7	11.8	38.8	中营养
香花镇张寨	2.8	1.6	10.3	4.5	7.8	27.0	贫营养
丹库中心	2.7	1.6	10.0	3.8	7.4	25.5	贫营养

续表

监测断面	$W_{COD_{Mn}}\cdot TLI(COD_{Mn})$	$W_{TP}\cdot TLI(TP)$	$W_{TN}\cdot TLI(TN)$	$W_{SD}\cdot TLI(SD)$	$W_{Chl\text{-}a}\cdot TLI(Chl\text{-}a)$	$TLI(\Sigma)$	评价结果
仓房镇赵沟	2.7	1.6	10.1	4.6	8.2	27.2	贫营养
陶岔	3.1	5.5	9.9	4.5	10.5	33.5	中营养
清泉沟	3.1	1.6	10.0	4.7	9.0	28.4	贫营养
凉水河-台子山	3.8	1.6	9.4	4.2	9.0	28.0	贫营养
柳陂镇山跟前	5.1	6.6	10.7	8.5	13.0	43.9	中营养
杨溪铺	5.5	6.4	10.3	7.7	14.4	44.3	中营养
青山-安阳	5.1	5.5	10.2	7.3	14.4	42.5	中营养
远河库湾	4.9	3.7	9.8	7.5	13.0	38.9	中营养
武当山三塘湾	4.5	3.7	9.6	5.7	11.0	34.5	中营养
肖川-龙口	4.6	3.7	10.3	5.6	11.3	35.5	中营养
浪河口下	5.3	3.7	10.0	5.9	13.3	38.2	中营养
坝上（龙王庙）	4.7	1.6	9.3	3.6	10.5	29.7	贫营养
孤山枢纽下	6.3	7.0	12.2	10.2	3.6	39.3	中营养

数字孪生湖库水质管理系统的监测分析中，应用了各种水质分析评价模型，对监测的数据进行了评价，并将评价结果展示在了数字孪生平台中，可供查询，如图 5.1.2 和图 5.1.3 所示。

图 5.1.2　业务系统综合营养指数界面

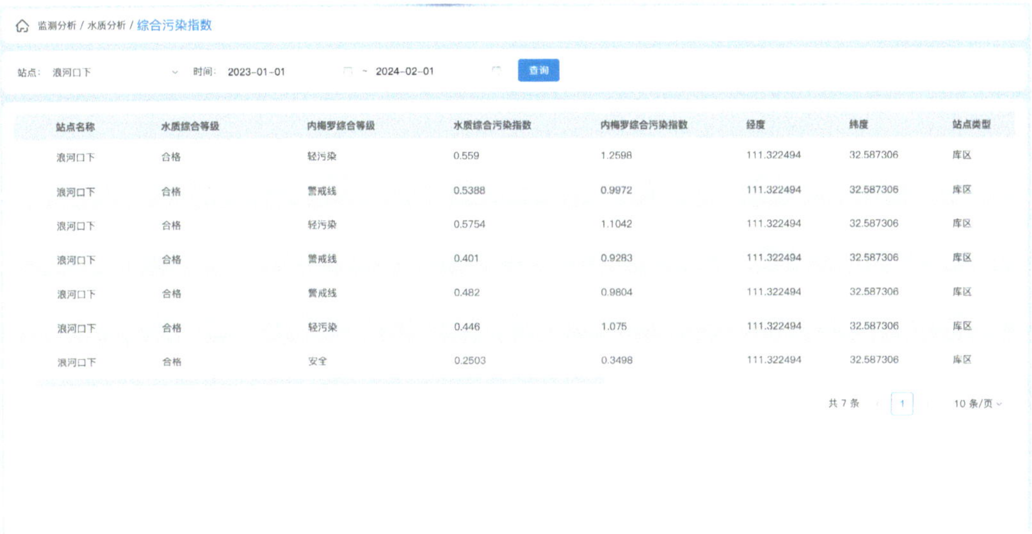

站点名称	水质综合等级	内梅罗综合等级	水质综合污染指数	内梅罗综合污染指数	经度	纬度	站点类型
浪河口下	合格	轻污染	0.559	1.2598	111.322494	32.587306	库区
浪河口下	合格	警戒线	0.5388	0.9972	111.322494	32.587306	库区
浪河口下	合格	轻污染	0.5754	1.1042	111.322494	32.587306	库区
浪河口下	合格	警戒线	0.401	0.9283	111.322494	32.587306	库区
浪河口下	合格	警戒线	0.482	0.9804	111.322494	32.587306	库区
浪河口下	合格	轻污染	0.446	1.075	111.322494	32.587306	库区
浪河口下	合格	安全	0.2503	0.3498	111.322494	32.587306	库区

图 5.1.3　业务系统综合污染指数界面

5.2　机理模型

5.2.1　河流一维水动力水质模型

河流一维水动力水质模型通过对河流的几何形态、水动力特征及水质过程进行描述和建模，能够模拟污染物在河流水体中的扩散演进过程，以及不同情景下河流水动力与水质指标浓度的一维沿程空间分布和变化趋势。

1. 模型原理

1）一维水动力方程及数值解法

在河流水力计算中，通常用圣维南方程组来描述河流非恒定流的运动过程，圣维南方程组包含反映质量守恒定律的连续方程和反映动量守恒定律的运动方程，认为水流为一维流动，即假设水流流速沿整个过水断面或垂线均匀分布，用其平均值代替，方程组形式如下：

$$\frac{\partial A}{\partial t}+\frac{\partial Q}{\partial x}=q \tag{5.2.1}$$

$$\frac{\partial Q}{\partial t}+\frac{\partial(Q^2/A)}{\partial x}+gA\frac{\partial z_{\mathrm{s}}}{\partial x}+\frac{gQ|Q|}{C^2AR}=0 \tag{5.2.2}$$

$$C_{\mathrm{n}}=\frac{R^{1/6}}{n} \tag{5.2.3}$$

式中：A 为过水断面面积（$\mathrm{m^2}$）；t 为时间（s）；Q 为流量（$\mathrm{m^3/s}$）；x 为里程（m）；q 为

单位河长的旁侧入流（m²/s），负值表示流入；g 为重力加速度（m/s²）；z_s 为断面水位（m）；n 为河道粗糙系数；C_n 为谢才系数（m）；R 为水力半径（m）。

利用普列斯曼（Preissmann）法[2]对圣维南方程组进行差分离散，得到关于河道断面的流量和水位增量的线性方程组，结合上下游边界条件组成线性方程组，采用追赶法求解线性方程组，得到流量和水位变化量的值，进而求得各断面各时刻流量和水位的瞬时值。

2）一维水质方程及数值解法

在认识和掌握河流水流特征基础上，基于物质对流扩散方程，通过一系列合理概化，建立描述河流水质的一维数学模型，即

$$\frac{\partial AC}{\partial t} + \frac{\partial (QC)}{\partial x} = \frac{\partial}{\partial x}\left(AE_x\frac{\partial C}{\partial x}\right) + Af(C) + qC_L \tag{5.2.4}$$

式中：A 为过水断面面积（m²）；C 为水体污染物质量浓度（mg/L）；t 为时间（s）；Q 为流量（m³/s）；x 为里程（m）；E_x 为纵向弥散系数（m²/s）；$f(C)$ 为生化反应项；C_L 为旁侧出入流（源汇项）污染物质量浓度（mg/L）。

基于算子分裂的思想，利用有限差分法对一维水质方程进行离散求解，求解过程分为两步：第一步，对流项采用改进的对流项的二次迎风插值（quadratic upstream interpolation for convective kinetics，QUICK）格式以提高其数值模拟精度；第二步，扩散项采用最大松弛校正方法，求得各断面各时刻水质指标浓度的瞬时值。

4）一维水动力模型边界条件

一维水动力模型边界条件主要包括上游边界、下游边界、旁侧入流边界、内边界。

5）一维水质模型边界条件

一维水质模型边界条件主要包括上游边界、旁侧入流边界。

6）一维水动力水质模型初始条件

模型初始条件是模型启动的必要条件，一维水动力水质模型的初始条件为：$q(x, 0) = 0$，$z_s(x, 0) =$ 常数，$C(x, 0) =$ 常数。其中，x 为里程（m），Q 为沿 x 方向的流量（m³/s），z_s 为水位（m），C 为水体污染物质量浓度（mg/L）。z_s、C 初始条件设为常数，对应模拟初始时刻的水位、污染物质量浓度值。

2. 模型构建流程及技术要求

1）模型构建流程

（1）河道概化。在提取河道轮廓的基础上，基于测量的河道大断面地形，对河道进行空间分段处理，划分成若干计算单元，计算单元间距不超过 2 km 以确保空间精度。

（2）定界条件设置。其包括初始条件和边界条件，初始条件为模拟初始时的状态（如

初始水位、流速、污染物浓度等），模型需具备分段设置初始条件的功能；边界条件包括上游流量边界、下游水位边界、支流汇入等，边界条件输入采用逐日的时间序列数据。

（3）突发污染场景模拟。在构建的河流一维水动力模型、一维水质模型基础上（串行计算模式），集成开放式多处理（open multi-processing，OpenMP）或消息传递接口（message pasing interface，MPI）模式，提高模型计算速度，支撑河流突发水污染快速计算，实现污染团在入库支流中动态输移扩散过程的模拟功能。

（4）模型率定和验证。采用水文和水质实地监测数据对模型进行率定与验证，主要的模型参数包括粗糙系数、综合衰减系数等，率定和验证采用大于 1 年的监测数据，水动力模拟结果与实测值的相对误差<5%，水质模拟结果与实测值的相对误差<20%。

（5）模型通用化。梳理一维水质模型参数输入输出与应用系统之间的逻辑关系，确定数据流向及标准数据格式，设计模型通用集成框架；基于模型的启动、运行、配置及涉及的边界条件，优化参数输入输出形式，采用参数解析、数据交互等方式，对接口进行统一封装集成，实现模型通用化。

模型构建流程如图 5.2.1 所示。

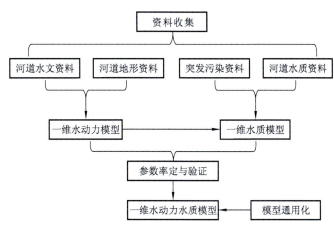

图 5.2.1　一维水动力水质模型构建流程

2）建模资料需求

（1）地形资料：河道大断面数据；测量断面间距小于 200 m、比例尺为 1∶2 000 的计算机辅助设计（computer aided design，CAD）文件或矢量文件。

（2）气象资料：丹江口库区范围内所有气象站位置及气象监测数据，包括近 10 年逐日降雨、蒸发、气温、风速风向、太阳辐射等数据。

（3）水文资料：监测站点或断面位置及近 5 年监测数据（水位、流量，逐日或逐时）。

（4）水质资料：5 条入库支流（丹江、汉江、堵河、老灌河、神定河）的上游水质监测站点或断面位置（监测断面布设图，矢量图）及各水质监测站点的监测数据，监测数据包括的监测指标为《地表水环境质量标准》（GB 3838—2002）中规定的基本项目 24 项＋补充项目 5 项＋锑。

（5）其他水利专题矢量数据：丹江口水库水系图（矢量数据）；5条入库支流内道路、桥梁、码头及水利工程等的矢量数据。

3）技术指标要求

功能要求：能够模拟污染物在河流水体中的扩散演进过程，以及历史上和未来不同情景下河流水动力与水质指标浓度的一维空间分布和变化趋势。

精度：水动力模拟结果与实测值的相对误差<5%，水质模拟结果与实测值的相对误差<20%。

3. 实际应用场景

以丹江口水库5条主要入库支流一维水动力水质模型的构建为例进行介绍。

1）模型构建

针对丹江口水库5条入库支流，构建5个一维水动力水质模型。其中，汉江的建模范围为安康市区—汉江入库河口，长度161.4 km；堵河的建模范围为小漩水电站—堵河入库河口，长度 95 km；神定河的建模范围为百二河水库坝址—神定河入库河口，长度26.3 km；丹江的建模范围为荆紫关—丹江入库河口，长度 32.0 km；老灌河的建模范围为石门水库坝址—老灌河入库河口，长度 38.2 km。按照技术路线进行各条河流模型的构建，包括河道概化、定界条件设置等内容。各河流地形输入、网格划分及边界条件设置如图5.2.2所示。

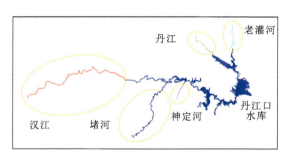

图5.2.2 丹江口水库5条入库支流一维水动力水质模型范围

2）模型参数率定

模型构建的一个关键步骤是如何确定模型参数，模型的参数一般分为两类：一类是具有实际意义的参数，这类参数大多可以通过实际测量得到或者由数据资料计算得出；另一类是物理意义不明确的参数，这类参数一般是由于真实过程太过复杂而假定一个参数来代替，需要根据历史监测数据结果率定得出。本模型需要率定的参数主要包括水动力参数、水质相关参数。

采用2018年河道水文水质同步监测数据，对河道粗糙系数和各水质参数进行率定。

（1）粗糙系数率定。

粗糙系数是一个反映对水流阻力影响的综合性的量纲为一的参数，河道介质不同其粗糙系数差异较大，对一维水动力水质模型的计算结果有明显影响。粗糙系数的率定结果见表5.2.1。

表5.2.1　河道粗糙系数率定结果

序号	河流名称	粗糙系数
1	汉江（安康市区—汉江入库河口）	0.019
2	堵河（小漩水电站—堵河入库河口）	0.019
3	神定河（百二河水库坝址—神定河入库河口）	0.018
4	丹江（荆紫关—丹江入库河口）	0.018
5	老灌河（石门水库坝址—老灌河入库河口）	0.020

（2）水质参数率定。

本书中水质参数采用试错法进行率定。限于篇幅，仅展示老灌河主要水质相关参数率定结果，见表5.2.2。

表5.2.2　主要水质相关参数率定结果

参数	参数含义	单位	数值
K_{TP}	TP 降解系数	d^{-1}	0.052
K_{NH}	NH₃-N 降解系数	d^{-1}	0.085

3）模型验证及误差分析

采用上述率定的模型参数，利用2022年11月～2023年4月的逐月实测水动力水质数据对模型的有效性进行验证测试。绘制5条入库支流断面处TP质量浓度模拟值与实测值的对比测试结果，如图5.2.3所示。

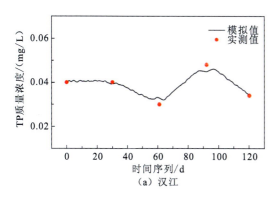

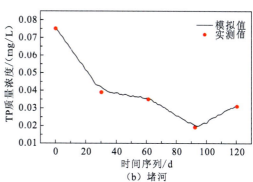

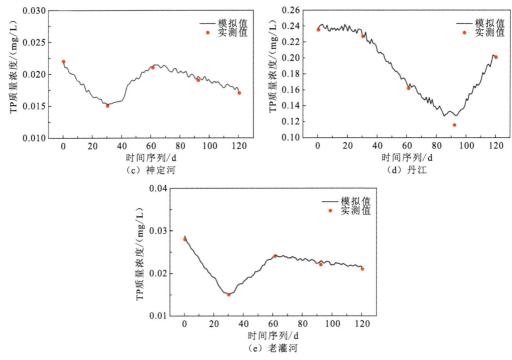

图 5.2.3　5 条入库支流断面处 TP 质量浓度模拟值与实测值的对比

5.2.2　湖库三维水动力水质模型

湖库三维水动力水质模型通过对库区的几何形态、水位变化和水质分布进行描述与建模，能够模拟库区水流三维运动，以及氮、磷等常规污染物和突发污染物在水平和垂直方向上的演进扩散过程。该模型涉及水利、环境和计算机技术多学科交叉融合，推导了完整形式的三维水动力方程和三维水质方程，采用有限差分法对控制方程进行离散求解，利用开源计算流体力学（computational fluid dynamics，CFD）类库进行二次开发。下面将结合实际管理需求，从模型计算精度、效率、实用性提升的角度，对模型研发过程中的关键技术进行阐述。

1. 模型原理

1）三维水动力方程

（1）守恒方程。

一，质量守恒。质量守恒常用质量守恒方程（或连续方程）描述，阐明了物质质量不生不灭原理。对于湖库等地表水流体，进、出水体系统的水量应该相等，即质量增量=进入的质量-出去的质量+源-汇。质量守恒方程常在单元水柱中描述，对于一个给定的水柱，单位时间内的通量变化为入通量与出通量之差，即

$$\mathrm{d}m = (m_{\mathrm{in}} - m_{\mathrm{out}} + m_{\mathrm{r}})\mathrm{d}t \tag{5.2.5}$$

式中：dm 为净质量增量（kg）；dt 为时间增量（s）；m_{in} 为入通量的质量速率（kg/s）；m_{out} 为出通量的质量速率（kg/s）；m_r 为源、汇产生的质量速率（kg/s），式（5.2.5）可以写成

$$\frac{d\rho}{dt} + \nabla \cdot (\rho \boldsymbol{v}) = 0 \tag{5.2.6}$$

式中：ρ 为水体密度（kg/m³）；$\boldsymbol{v}$ 为速度向量；∇ 为梯度算子。

式（5.2.6）即连续方程。在局部热平衡下，水体的密度 ρ（kg/m³）和温度 T（℃）通常是非线性关系，采用 Gill[3]提供的拟合公式进行拟合：

$$\rho = 999.85 + 6.79 \times 10^{-2}T - 9.095 \times 10^{-3}T^2 + 1.001 \times 10^{-4}T^3 - 1.12 \times 10^{-6}T^4 + 6.536 \times 10^{-9}T^5 \tag{5.2.7}$$

对于不可压流，在直角坐标系中式（5.2.6）可以写成

$$\frac{\partial u}{\partial x} + \frac{\partial v}{\partial y} + \frac{\partial w}{\partial z} = 0 \tag{5.2.8}$$

式中：u、v、w 分别为 x、y、z 方向的流速分量。

二，动量守恒。水库水流主要受四种重要的力的作用，分别是：①重力，即地球万有引力；②压力，主要由压力梯度引起；③黏性力，由水黏性和湍流混合形成；④外力，如风应力、底部摩擦力等。由牛顿第二定律可知，外力为物体质量与加速度之积。因此，可以导出动量方程：

$$\rho \frac{d\rho \boldsymbol{v}}{dt} = \frac{\partial \rho \boldsymbol{v}}{\partial t} + \nabla \cdot (\rho \boldsymbol{vv}) = \rho \boldsymbol{g} - \nabla P_* + \boldsymbol{f}_{vis} \tag{5.2.9}$$

式中：$\boldsymbol{f}_{vis}$ 为黏性力（N）；P_* 为压力（N）；$\boldsymbol{g}$ 为重力（N）。

对于不可压牛顿流体，黏性力可以写成涡黏系数与速度向量的拉普拉斯算子的乘积。考虑地球自转，式（5.2.9）可以进一步改写成

$$\frac{d\boldsymbol{v}}{dt} = \frac{\partial \boldsymbol{v}}{\partial t} + \nabla \cdot (\boldsymbol{vv}) = \boldsymbol{g} - \frac{1}{\rho}\nabla P + \gamma \nabla^2 \boldsymbol{v} - 2\boldsymbol{\Omega} \times \boldsymbol{v} \tag{5.2.10}$$

式中：$\boldsymbol{\Omega}$ 为地球自转角速度（rad/s）；γ 为动力学涡黏系数（m²/s）。

式（5.2.10）即著名的纳维-斯托克斯（Navier-Stokes）方程，即 N-S 方程。N-S 方程没有解析解，此外，不同于分子运动，紊动涡黏特性并非流体的固有性质，而是依赖于紊动状态。湍流混合的主要特点是非规则、随机性运动，水体中物质的传输就是依赖湍流混合进行的。

（2）假设条件。

质量守恒、动量守恒描述了水流运动、物质输移的基本规律。但是即使应用当前最先进的计算机求解大时间尺度下海洋、湖泊等大型水体的数值解，仍然十分困难，有必要对模型进行进一步简化。目前广泛应用于地表水环境模型的假设条件主要包括布西内斯克（Boussinesq）近似。

布西内斯克近似的定义是：除了重力项与浮力项，其他项中水体密度的变化忽略不计。布西内斯克近似对于大部分湖库水体是合理的，通常情况下湖库水体的密度变化非常小，所以局部压力梯度引起的密度变化可以忽略。

（3）水动力模型控制方程。

模型采用了 N-S 方程的三维形式。在 σ 坐标系下，σ 坐标与直角坐标的映射公式为

$$z = \frac{z^* + h}{h + \eta} \tag{5.2.11}$$

式中：z 为 σ 坐标；z^* 为直角坐标；h 为静水深（m）；η 为相对于静止水面的自由面升高值（m）；H 为总水深（m），$H = h + \eta$。

基于守恒方程，引入布西内斯克近似，建立描述水流运动的三维水动力模型控制方程组：

$$\frac{\partial(m_x m_y H)}{\partial t} + \frac{\partial(m_y H u)}{\partial x} + \frac{\partial(m_x H v)}{\partial y} + \frac{\partial(m_x m_y w)}{\partial z} = Q_H \tag{5.2.12}$$

$$\frac{\partial(m_x m_y H u)}{\partial t} + \frac{\partial(m_y H u u)}{\partial x} + \frac{\partial(m_x H v u)}{\partial y} + \frac{\partial(m_x m_y w u)}{\partial z} - m_x m_y f_e H v$$

$$= -m_y H \frac{\partial(P + g\eta)}{\partial x} - m_y H \left(\frac{\partial h}{\partial x} - z \frac{\partial H}{\partial x} \right) \frac{\partial P}{\partial z} + \frac{\partial}{\partial z} \left(m_x m_y \frac{A_v}{H} \frac{\partial u}{\partial z} \right) + Q_u \tag{5.2.13}$$

$$\frac{\partial(m_x m_y H v)}{\partial t} + \frac{\partial(m_y H u v)}{\partial x} + \frac{\partial(m_x H v v)}{\partial y} + \frac{\partial(m_x m_y w v)}{\partial z} - m_x m_y f_e H u$$

$$= -m_x H \frac{\partial(P + g\eta)}{\partial y} - m_x H \left(\frac{\partial h}{\partial y} - z \frac{\partial H}{\partial y} \right) \frac{\partial P}{\partial z} + \frac{\partial}{\partial z} \left(m_x m_y \frac{A_v}{H} \frac{\partial v}{\partial z} \right) + Q_v \tag{5.2.14}$$

$$\frac{\partial P}{\partial z} = -gH(\rho - \rho_0)\rho_0^{-1} \tag{5.2.15}$$

$$\frac{\partial(m_x m_y H)}{\partial t} + \frac{\partial\left(m_y H \int_0^1 u\,\mathrm{d}z \right)}{\partial x} + \frac{\partial\left(m_x H \int_0^1 v\,\mathrm{d}z \right)}{\partial y} = \int_0^1 Q_H \mathrm{d}z \tag{5.2.16}$$

$$w = w^* - z\left(\frac{\partial\eta}{\partial t} + \frac{u}{m_x}\frac{\partial\eta}{\partial x} + \frac{v}{m_y}\frac{\partial\eta}{\partial y} \right) + (1-z)\left(\frac{u}{m_x}\frac{\partial h}{\partial x} + \frac{v}{m_y}\frac{\partial h}{\partial y} \right) \tag{5.2.17}$$

式中：z 为垂向 σ 坐标；u、v、w 分别为 x、y、z 三个方向的速度分量（m/s）；t 为时间（s）；m_x 和 m_y 为水平坐标变换尺度因子，由于本书不考虑正交曲线坐标系，令 $m_x = m_y = 1$；Q_H 为连续方程的源汇项；Q_u 和 Q_v 为动量方程的源汇项；f_e 为科氏力的相关系数；ρ_0 为水体参考密度（1×10^3 kg/m³）；ρ 为水体密度（kg/m³）；P 为附加静水压（强）（Pa）；g 为重力加速度（9.81 N/kg）；w^* 为笛卡儿坐标系下的垂向流速（真实垂向流速）（m/s）；A_v 为垂向涡黏系数（m²/s）。

（4）定解条件。

定解条件分为初始条件和边界条件。初始条件反映了水体的初始状态。根据实际情况，本章模型的初始条件指定为初始时刻的流场、水位。边界条件一般是指边界上所求解的变量或其一阶导数随地点及时间的变化规律，是模型的外部驱动力。边界条件包括如下条件。

水面边界：

$$\left. \frac{A_v}{H} \frac{\partial(u,v)}{\partial z} \right|_{z=1} = 1.2 \times 10^{-6}(0.8 + 0.065\sqrt{u_w^2 + v_w^2})\sqrt{u_w^2 + v_w^2}(u_w, v_w) \tag{5.2.18}$$

式中：u_w、v_w 分别为水面以上 10 m 处的风速在 x、y 方向上的分量。

水底边界：

$$\frac{A_v}{H}\frac{\partial(u,v)}{\partial z}\bigg|_{z=0} = \frac{\kappa^2}{[\ln(\Delta z_b H / 2 z_0^*)]^2}\sqrt{u_b^2 + v_b^2}(u_b, v_b) \qquad (5.2.19)$$

式中：κ 为冯卡门常数；z_0^* 为底层网格厚度（m）；Δz_b 为水底层的厚度；u_b、v_b 分别为底层网格 x、y 方向流速分量（m/s）。

固壁边界：固壁处采用固壁不可入边界，意味着水流只能沿切向运动，无法穿过固壁，即法向流速为 0。

$$v \cdot n = 0 \qquad (5.2.20)$$

式中：v 为流速（m/s）；n 为流速法向向量。

固壁切向流速采用无滑移边界条件：当水黏性明显时，水必须黏附于固壁处，即固壁处切向速度为 0。固壁无滑移边界条件满足绝大多数天然水体的计算要求。

开边界：开边界指定流量或水位时间序列。

干湿动边界：采用干湿网格法对运动边界进行处理，其核心就是建立一套判别准则，在每一步数值计算前，先判断哪些网格是被水淹没的（湿网格），哪些是无水的（干网格），如果该网格是湿网格，则正常参与计算，如果该网格是干网格，则不参与计算。该方法能避免计算过程中的负水深问题。

2）三维水质方程

本书主要围绕 TN、TP 的水质变量特征及其循环过程开展深入研究。水库中氮、磷等营养元素的循环表现为某种营养元素从一种形态向另一种形态转化的过程。物质在水体内的输运及物理、化学、生物转换过程采用质量守恒方程进行描述：

$$\frac{\partial C}{\partial t} + \frac{\partial(uC)}{\partial x} + \frac{\partial(vC)}{\partial y} + \frac{\partial(wC)}{\partial z} = \frac{\partial}{\partial x}\left(K_x\frac{\partial C}{\partial x}\right) + \frac{\partial}{\partial y}\left(K_y\frac{\partial C}{\partial y}\right) + \frac{\partial}{\partial z}\left(K_z\frac{\partial C}{\partial z}\right) + S_c \qquad (5.2.21)$$

式中：t 为时间（s）；C 为水质指标质量浓度（mg/L）；K_x、K_y、K_z 分别为 x、y、z 方向上的扩散系数（m²/s）；u、v、w 分别为 x、y、z 方向上的流速（m/s）；S_c 为进入或离开单位水体的源汇项（mg/s）。

式（5.2.21）揭示了由对流（等式左端最后 3 项）、扩散（等式右端前 3 项）及水质变量间的动力学相互作用（等式右端第 4 项）引起的水质输移过程。三维水质方程的求解采用算子分裂处理对流项和扩散项，采用有限差分法进行空间离散，水平方向上采用带预估对流项的对流运动学二次迎风插值（quadratic upstream interpolation for convective kinematics with estimated streaming terms，QUICKEST）格式，垂直方向上采用克兰克-尼科尔森（Crank-Nicolson）格式。

水质模型将物理输运过程和动力学过程分离。式（5.2.21）去掉等式右端最后一项即物理输运方程，代表物质随水流的时空输移。用于描述水体动力学过程的一阶动力学方程为

$$\frac{\partial C}{\partial t} = S_c = kC + R_c \qquad (5.2.22)$$

式中：k 为动力学速率（d⁻¹）；R_c 为由外部负荷或内部反应引起的源汇项。

2. 模型功能拓展开发

在开发过程中，采用了基于有限差分的模型数值解法，同时对组合 σ/z 垂向网格技术和 TP 本构方程进行了创新改进，从而提升了水动力及 TP 等关键水质指标的模拟精度；通过开发 OpenMP 并行算法、水动力预计算和双时间步长模式，提升了模型的计算效率；通过开发突发污染投药处置模拟技术、污染团演进扩散轨迹示踪技术等，实现任意位置突发污染扩散与处置的快速模拟，以及污染物运动轨迹的实时追踪监控，满足突发污染事件应对的实际需求；最后通过开发模型标准化接口，满足数字孪生模型的实时演算需求。

模型总体框架和各功能模块见图 5.2.4。其主要包括 8 个功能模块。其中，边界条件读取模块负责从外部数据源（如气象数据、水文数据等）中读取边界条件，包括流域的地形、流速、水位等信息。前处理模块用于初始化模拟所需的各项变量，包括水位、流速、浓度等，并根据外部气象数据计算水面上的风应力。紊流计算模块采用适当的紊流模型，计算流场中的紊流运动。求解器模块包括用于求解线性方程组的迭代法，如预处理共轭梯度（preconditioned conjugate gradient，PCG）法和求解三对角矩阵的时分多址接入（time-division multiple access，TDMA）法。水动力求解模块（动量方程）经过差分处理后求解动量方程，得到水深平均的流场分布。水动力求解模块（三维流场、水位更新）在水深平均流场的基础上，求解三维流场，并根据求解结果更新水位信息。物质输运（水质）求解模块考虑流体中物质的对流和扩散运动，根据流场信息计算物质在流体中的传输过程（对流扩散项），同时考虑水体中生物、化学反应对物质浓度的影响，模拟水体中物质的生物、化学变化（生化反应项）。迭代控制管理模块用于监控模拟计算的进行情况，判断模拟是否达到设定的条件，如收敛性判定、时间步长控制等，控制模型迭代计算流程。

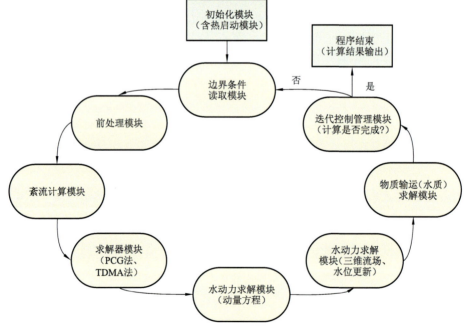

图 5.2.4 丹江口水库三维水质模型总体框架和功能模块

1）模型数值计算流程

以完整形式的三维水动力方程雷诺平均纳维-斯托克斯（Reynolds-averaged Navier-Stokes，RANS）方程和污染物输移方程为控制方程，利用有限差分法将上述偏微分方程组转化为代数方程组。在每个时间步，首先将动量方程与水位方程联立，采用 PCG 法求解关于所有单元格水位的大规模五对角线性方程组，得到各单元格的水位和水深平均流速，并将其传递至关于各层单元格垂向流速的三对角线性方程组，采用 TDMA 法求解此方程组后得到各层单元格的垂向和水平流速分量，完成三维水动力模型的求解；以所得流场为基础，考虑污染物的理化生过程，基于算子分裂分两步求解污染物输移方程，模拟污染物的迁移—扩散—转化全过程，第一步采用 Smolarkiewicz-Clark（S-C）高阶迎风差分格式求解对流项和反应项（源汇项），第二步采用隐式迎风差分格式求解扩散项，完成水质模型的求解。具体过程见图 5.2.5。

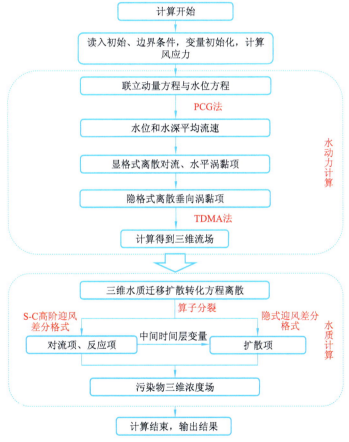

图 5.2.5　三维水动力水质模型计算流程

2）改进的组合σ/z 垂向网格技术

针对传统σ垂向坐标变换导致的陡峭深水区产生明显压力梯度误差的问题，部分国外先进模型，如三维环境流体动力学程序（environmental fluid dynamics code，EFDC）、MIKE3 采用了组合 σ/z 垂向网格技术，即从自由表面到指定深度使用 σ 坐标，指定深度以下使用 z 坐标，但这种方式要在每个时间步内根据水深判断所有水平单元的垂向网格数并重新布置变量，极大地增加了计算成本。丹江口水库蓄水运行后水位相对稳定，绝大部分区域的水深年内变幅较小，在这种情况下，传统 σ 垂向坐标变换基本无法起到根据水深变化实时更新计算域的作用，还极大地增加了计算负担。因此，对组合 σ/z 垂向网格技术进行进一步改进（图 5.2.6），即在设置初始水深时确定计算域内各水平单元的垂向分层数，且在模拟过程中保持不变，同时考虑垂向各层厚度随水深动态变化而变化，这不仅大大简化了库底边界条件的处理流程，而且很好地弥补了传统 σ 垂向坐标变换的缺陷，提高了水动力模型模拟精度。

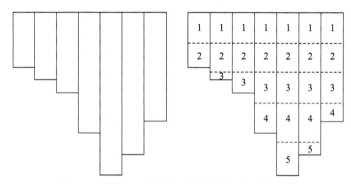

图 5.2.6　丹江口库区典型剖面垂向动网格建模

3）磷反应动力学二次开发

针对丹江口水库水质管理重点关注的水质指标 TP，考虑磷在水体中的降解沉降、底泥释放、吸附解吸等关键动力学过程（图 5.2.7），对水质模型反应动力学方程进行二次开发。将传统水质模型的反应项（源汇项）进行改写，通过重构 TP 本构方程，将磷的吸附沉降表达式、底泥磷释放强度公式添加到方程反应项（源汇项），并对反应项的代码进行改写。重构后的磷模型包括对流项、扩散项、反应项（降解沉降项、底泥释放项、泥沙与磷吸附解吸项），其中，降解沉降项采用一级反应动力学描述（即降解沉降速率给定为一个经过率定的固定常数），底泥释放项采用修正的叶洛维奇（Elovich）方程描述，泥沙与磷吸附解吸项采用朗缪尔（Langmuir）动力学方程描述，所有涉及的动力学参数可通过原位观测或室内物理试验结果校正后获得，改写后的模型能更真实地描述磷在水体中的各类理化生过程，实现磷模拟精度的提高。

4）基于变絮凝速率的突发污染投药处置模拟技术

为有效应对突发水污染事件，模型需具备模拟特殊水质事件的能力。例如，历史上发生过老灌河上游河水中锑超标事件，采取了筑橡胶坝与投放絮凝剂（硫酸亚铁）的组合方式进行应急处置。锑污染物在水体中絮凝沉淀的快慢可采用絮凝速率来表征，传统

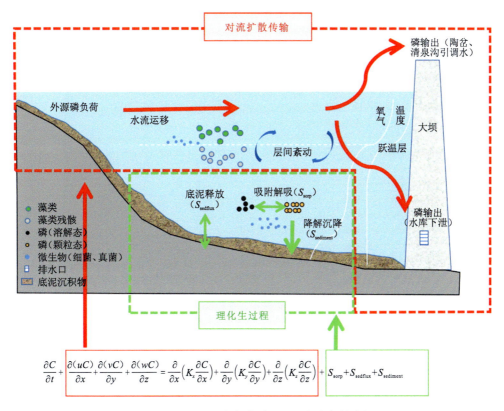

$$\frac{\partial C}{\partial t} + \frac{\partial (uC)}{\partial x} + \frac{\partial (vC)}{\partial y} + \frac{\partial (wC)}{\partial z} = \frac{\partial}{\partial x}\left(K_x \frac{\partial C}{\partial x}\right) + \frac{\partial}{\partial y}\left(K_y \frac{\partial C}{\partial y}\right) + \frac{\partial}{\partial z}\left(K_z \frac{\partial C}{\partial z}\right) + S_{sorp} + S_{sedflux} + S_{sediment}$$

图 5.2.7　丹江口水库磷循环及反应动力学过程

水质模型通常将整个计算域的动力学参数设置为一个固定常数，但在实际处置过程中，锑污染物的絮凝去除过程非常复杂，会随着投药量、投放时间、投放地点的不同而发生变化。因此，为满足锑污染投药处置的实际应用需求，提出动力学参数的动态分区设置方法，首先对模型代码中锑絮凝速率的对应变量进行扩维，在此基础上，结合有关文献或机理试验研究得到投药量、投药时间与锑絮凝速率回归关系的数学表达式，通过数字孪生系统获取用户输入的投药时间、投药地点、投药量，根据投药地点匹配对应的计算网格单元后，得到随时间变化的絮凝速率，实现锑污染投药处置过程的精准模拟。假设丹江干流发生锑浓度升高的情况，在武当山水电站投药点投放一定的水质净化絮凝剂进行处置，图 5.2.8 展示了投放絮凝剂后的丹江干流锑浓度分布。

由于丹江口水库下垫面类型复杂、区域差异显著，此次还将提出的动力学参数动态分区设置方法用于污染降解系数、底泥释放速率等动力学参数的分区设置，在模型中可以调整动力学选项及是否使用动力学分区，更灵活地模拟复杂水质迁移转化过程。

5）基于热点分析的 OpenMP 并行算法

为了支撑水质实时滚动推演、突发污染事件快速预演决策，借鉴大气动力学模型的并行算法思路，开发基于热点分析的 OpenMP 并行算法。首先使用性能分析工具（如 gprof

图 5.2.8　武当山水电站投药点投放絮凝剂后丹江干流锑浓度分布模拟图

或 valgrind）来识别程序中占用大部分计算时间的函数（热点），确定需要优化的函数后，使用 OpenMP 模式进行共享内存的并行化处理，在循环中添加#pragma omp parallel 指令，使多个中央处理器（central processing unit，CPU）核心并行执行计算任务，在进行并行化处理时，为正确处理共享变量和线程同步，同时避免并行化过程中的竞态条件和性能瓶颈，对部分模型数据结构进行重构，使其更好地支持共享内存操作。对并行改造程序与原始串行程序进行对比测试，结果表明两种模式下的计算结果几乎一致（相对误差小于 3%），并行改造程序的计算效率比原始串行程序提升约 30%。

6）水动力预计算和双时间步长模式

为进一步提高突发污染过程预演及处置的模拟演算速度，开发水动力预计算和双时间步长模式。水动力水质模型的计算模式为在每个时间步内先后完成水动力和水质计算，同时更新变量再进行下一时间步的计算，该技术对计算过程进行了改进，通过提前计算不同情景的库区流场，在水质计算过程中直接读取流场信息，避免极为耗时的水动力计算，实现分钟级的污染物动态变化快速模拟。

该技术的三大关键点：一是先将水动力计算和水质计算进行动态解耦，同时对水动力模型的输出数据结构进行重构，避免生成的文件过大而降低文件读取速度；二是数字孪生系统为水质计算提供不同场景的流场信息，如在线推演功能可提供当日最新流程演算结果，历史场景知识库可提供历史典型水文条件下库区流场演算结果；三是模型解耦后，允许水动力和水质计算采用不同的时间步长（即双时间步长），在保证结果收敛的前提下［满足柯朗-弗里德里希斯-列维（Courant-Friedrichs-Lewy，CFL）条件稳定判据］，水质模型可设置合适的时间步长，大大加快模型整体计算效率。经测试，某模拟时长为 5 天的突发污染（8 万个计算单元）情景的计算时间为 1～2 min，有效支撑实际发生的突发污染的快速模拟与决策。

7）污染团演进扩散轨迹示踪技术

由于突发性水污染事件具有随机性及不可预见性，根据实际管理需求，模型要能实现任意位置突发污染的快速模拟并能随时追踪污染团的位置，动态识别污染团与陶岔等关键点位的距离、到达时间等。为此，开发污染团演进扩散轨迹示踪技术，在每个计算时间步内，通过水质模型计算的全域浓度值进行聚类分析判断，识别污染团前锋位置所在网格，计算出其与目标点位（如陶岔）所在网格的距离，结合流速情况估算其到达目标点位的时间。该技术避免采用复杂拉格朗日（Lagrange）示踪机理模型进行求解，为污染团演进动态追踪提供了一种简单、实用的方法，同时结合 GIS 地图定位技术与模型进行交互，实现任意突发污染源位置情景下的迁移扩散计算。图 5.2.9 展示了 2023 年 4 月泗河排污口偷排高浓度 NH_3-N 事件被曝光后，利用模型对偷排事件污染扩散过程进行模拟分析的成果。

图 5.2.9　泗河排污口偷排 NH_3-N 污染扩散轨迹

3. 模型构建流程及技术要求

1）技术路线

（1）前期进行研究综述，调查国内外研究进展，了解丹江口水库概况。

（2）搜集并整理实测资料，实测资料包括：气象监测资料如逐小时气温、风速风向、逐日相对湿度、日照强度、云覆盖率；水文资料如集水区域、河口位置、河流流量；水质监测资料如 TP 浓度、TN 浓度、NH₃-N 浓度及研究区域的水下高程数据等。

（3）建立水动力模型，勾画研究区域边界，划分研究区域，生成计算网格，插值水下高程数据，制作水下地形，设置边界条件，结合库区水动力现场监测，对模型参数进行率定，验证水位、水温，为水质模型提供可靠的流动场。

（4）在验证水动力模型的基础上，建立水动力水质模型，包括搭建水质模型框架，确定模拟污染物及物理过程，耦合水动力模型并检查质量守恒，率定模型参数，验证丹江口水库关键水质指标浓度，并对模拟结果进行分析。

（5）在水动力水质模型验证的基础上，对丹江口水库在线推演、预演和预测提供技术支持。

三维水动力水质模型构建与应用技术路线如图 5.2.10 所示。

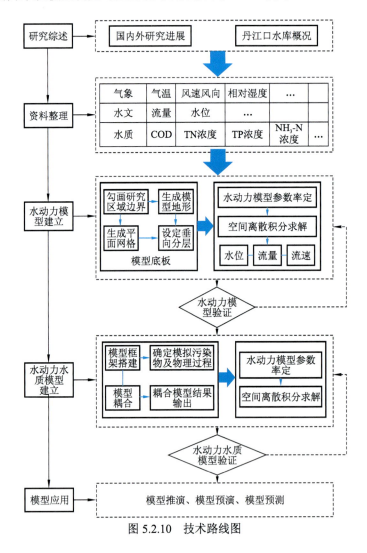

图 5.2.10　技术路线图

2）资料需求

地形资料：丹江口水库水下地形图，分辨率大于 10 m 的卫星影像；库区的倾斜摄影测量数据，比例尺大于 1∶1 000；16 条入库支流河道大断面数据；测量断面间距小于 200 m、比例尺为 1∶2 000 的 CAD 文件或矢量文件。

气象资料：丹江口库区范围内所有气象站位置及气象监测数据，包括近 10 年逐日降雨、蒸发、气温、风速风向、太阳辐射等数据。

水文资料：16 条入库支流监测站点或断面位置及近 5 年监测数据（逐日或逐时水位和流量）；水库水位、下泄流量、陶岔调水口和清泉沟调水口水位及调水量数据（逐日或逐时）。

水质资料：库区所有水质监测站点或断面位置（监测断面布设图，shp 图层文件）及各水质监测站点的监测数据，监测站点或断面包括 16 个库区内人工监测断面及 7 个自动监测站，监测数据包括的监测指标为《地表水环境质量标准》（GB 3838—2002）中规定的基本项目 24 项+补充项目 5 项+锑；16 个入库支流河口监测站点或断面位置（监测断面布设图，shp 图层文件）及各水质监测站点的监测数据。

其他水利专题矢量数据：丹江口水库水系图（shp 图层文件）；库区范围内取水口、排水口位置；库区范围内道路、桥梁、码头等的矢量数据；丹江口水库水功能区矢量图。

3）技术指标要求

功能要求：能够模拟污染物在水库水体中的迁移扩散过程，模拟历史上和未来不同情景下水库水动力与水质指标浓度的三维空间分布和变化趋势，支撑水质"四预"功能等业务应用。

精度：水动力模拟结果与实测值的相对误差<5%，水质模拟结果与实测值的相对误差<20%。

4. 实际应用场景

1）模型构建

丹江口水库水域宽广，水深较大，具有明显的三维流动特性，因此以丹江口水库为例构建三维水动力水质模型。三维水动力水质模型的建模步骤包括前处理、模型计算、后处理三大板块。前处理包括：散点地形（河道大断面）数据处理、划定模拟区域范围、导入水下地形数据、生成计算网格（线段）、设定水动力初始条件、设定水质初始条件、设定水动力边界条件、设定水质边界条件、设定水动力计算参数、设定水质计算参数、设定计算时间和时间步长。前处理完毕后开始模型计算，后处理将模型计算文件以图表、报表形式输出，输出内容包括流速、水位、污染物浓度的空间分布和时间变化过程。具体的建模流程见图 5.2.11。

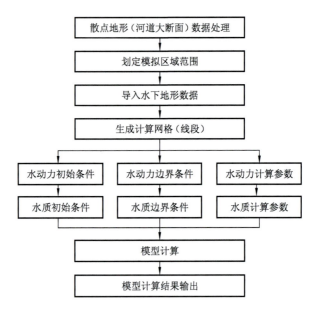

图 5.2.11 三维水动力水质模型建模流程

目前几乎所有复杂流场的模拟均需要进行网格的划分。一维模型需进行断面地形的剖分，二、三维模型需建立网格，三维模型网格以平面二维网格为基础进行垂向划分（一般为分层）得到，一维模型断面剖分也可以看作平面二维网格的简化。计算网格可以分为平面网格和垂向网格。最常见的平面网格有矩形网格、贴体正交曲线网格、三角形网格及混合网格；垂向坐标一般分为等平面坐标（z）、等密度坐标（ρ）和地形拟合坐标（σ），不同的坐标系对应不同的网格。网格划分对岸线数据和水下地形精度等有一定要求。在实际工程应用中，应根据具体的情况选择合适的网格。

（1）平面网格划分。

矩形网格便于组织数据结构，程序设计简单，计算效率较高，但由于计算域不一定是矩形区域，计算中会把计算域概化成齿形边界。在比较复杂的岸线边界和地形条件下，计算时有可能会出现虚假水流流动的现象，边界附近解的误差较大，且采用矩形网格不容易控制网格密度，计算网格不容易进行修改。

贴体正交曲线网格通过正交变化，可以大大改善矩形网格对不规则边界的适应性，但是对于过于复杂的边界，网格处理工作量大而且效果难以实现。

三角形网格的优点是边界和地形与网格结合比较好，有利于复杂地形和边界问题的研究，且计算网格的节点个数是不固定的，在计算中易于修改和控制网格密度。但由于三角形网格排列不规则，计算中需要建立数据结构与记忆计算单元之间的关系，需要较大的内存空间，其计算速度与矩形网格和贴体正交曲线网格相比大大降低。

鉴于这三种网格各自的优缺点，考虑到丹江口水库水域宽广，水深较大，具有明显的三维流动特性，地形起伏大，且边界条件复杂，为了提高计算效率，针对库区构建三维水动力水质模型时，优选贴体正交曲线网格。将丹江口库区划分为 17 000 个网格，网格平均尺寸为 200 m×200 m，如图 5.2.12 所示。导入库区水下地形，如图 5.2.13 所示。

图 5.2.12　丹江口库区网格划分及边界条件设置

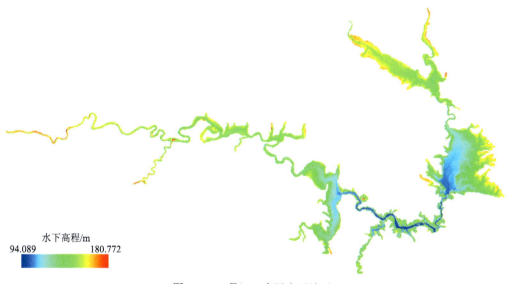

图 5.2.13　丹江口库区水下地形

（2）垂向分层模式。

较常采用σ坐标系统，近年来又采纳了一种更有效率的垂向坐标系统——SGZ 坐标系统，该坐标系统的优势体现在可降低由水平压力梯度产生的误差，并可以使计算网格大大减少，从而提高计算的精度和效率。①σ坐标系统。σ坐标系统是一种垂直方向可适应地形的坐标系统，被广泛应用于三维模型。在这种坐标系统下，整个计算区域无论水深大小，均有相同的垂向层数。这样无论是在浅水或是深水区域，都可以同时有效地计算，并且适用于复杂地形和底部高程变化较大的情况。但是，传统的 z 坐标系统在底部高差变化较大的深水水库案例中可获得更加准确的计算结果。此外，还有许多案例在不同计算区域结合了 σ 坐标系统和 z 坐标系统两种系统，对垂向进行分层，获得了更加令人满意的计算结果和效率。典型的案例就是河口浅滩中的深水航道，如果按照 σ 坐标系统进行垂向网格划分将导致内部压力梯度误差，从而得不到准确的计算结果。②SGZ 坐标系统。标准的 σ 坐标系统进行垂向转换时，会在包括浓度、速度和压强等变量的水平梯度项中引入误差。一般而言，这个误差仅在底部高程发生急剧变化时才变得明显。为了克服这个难点，开发了全新、高计算效率的垂向分层方法。新的垂向分层方法允许垂向层数随水深的不同而调整变化。因此，每个平面网格可以有不同的垂向层数。z 坐标系统随着网格的不同而变化，与相邻近的网格匹配激活的层数，这种转换称为 SGZ 坐标系统。SGZ 坐标系统也有两个选项，其区别在于对每个平面网格垂向层厚度的计算。第一种为每个平面网格的分层数不同但层厚相同。第二种为每个平面网格分层数不同，每层的厚度也不同。在 SGZ 坐标系统中，每个平面网格的分层数可能差别很大，但与 σ 坐标系统相比，计算时间大幅缩短，并且效率更高。

为了提高丹江口水库三维水动力水质模型计算效率，适应库区地形起伏大的特点，本书采用 SGZ 坐标系统第二种垂向网格划分方法并对其进行改进。

（3）模型边界条件设置。

模型输入条件包括初始条件和边界条件。初始条件为模拟初始时的状态（如初始水位、流速、污染物浓度等）。边界条件包括上游入库河流的入库流量、污染物浓度，水库运行水位，大坝下泄流量，陶岔调水，清泉沟引水等，边界条件输入采用逐日的时间序列数据。边界点位置如图 5.2.12 所示。

2）模型参数率定

（1）水动力参数。

①粗糙系数。粗糙系数是一个反映对水流阻力影响的综合性的量纲为一的参数，河库介质不同其粗糙系数差别很大，对水动力模型计算结果有影响。通过模型参数率定，粗糙系数取 0.025。②水平涡黏系数。在水动力模型中，水平涡黏项表示不同流速水体之间的湍流混合动量交换产生的内部剪切力，水平涡黏系数不能被直接测量，但是它影响了速度的分布，一般而言，该值越高，速度分布越均匀。由于二、三维水动力水质模型采用有限差分、有限体积等数值方法计算求解，所以水平涡黏系数不仅与湍流有关，还与动量方程的求解方式有关。例如，数值计算中越大的数值耗散（如更粗的网格）将引起越小的水平涡黏耗散，即更低的水平涡黏系数。

采用 2017 年丹江口库区水文水质监测数据，对水动力和水质参数进行率定。参数率定结果如表 5.2.3 所示。

表 5.2.3 水动力和水质参数率定结果

参数	单位	取值
临界干水深	m	0.20
临界湿水深	m	0.21
污染物衰减系数	d^{-1}	0.005
水平动量扩散系数	m^2/s	0.1
背景水平动力学涡流黏度	m^2/s	1
背景垂向动力学涡流黏度	m^2/s	0.8
垂向动量扩散系数	m^2/s	0.000 01

丹江口库区三维水动力水质模型模拟的水位与实测值较吻合，证明水动力模拟精度整体较高，参数率定结果合理。水位率定结果见图 5.2.14。

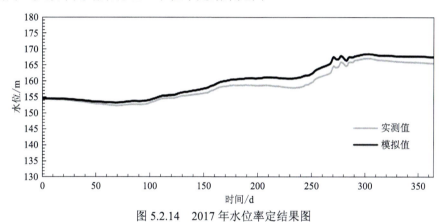

图 5.2.14 2017 年水位率定结果图

（2）水温参数。

对 2017 年水温模型进行率定，水温参数率定结果见表 5.2.4。

表 5.2.4 水温参数率定结果

参数	范围	初始值	率定值
太阳辐射衰减系数/m^{-1}	0.2～1.3	0.5	0.6
太阳辐射吸收系数	0.0～1.0	0.4	0.6

利用 2017 年的水温实测资料开展水温模型率定，水温率定结果如图 5.2.15 所示。根据模拟结果，率定期的模拟值与实测值基本吻合，证明率定的水温模型参数符合实际情况。

（3）水质参数。

利用 2018 年的水质实测资料开展水质模型率定，根据模型模拟结果，率定期的模拟值与实测值较吻合（图 5.2.16），证明水质模拟精度整体较高，参数率定结果合理。

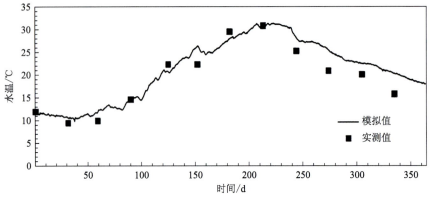

图 5.2.15 2017 年水温率定结果图

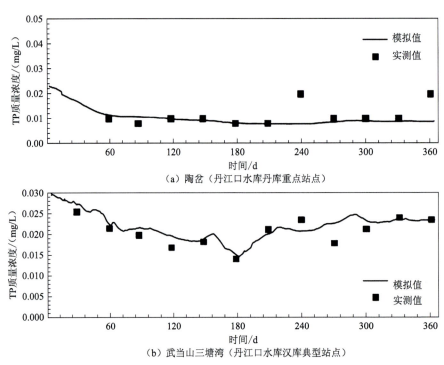

（a）陶岔（丹江口水库丹库重点站点）

（b）武当山三塘湾（丹江口水库汉库典型站点）

图 5.2.16 2018 年典型站点 TP 水质指标率定结果

3）模型验证及误差分析（采用 2021～2023 年水质数据验证）

在模型参数率定的基础上，采用 2021～2023 年水质数据对模型进行验证测试。

（1）水动力测试结果。

丹江口水库流场模拟测试结果见图 5.2.17，水位模拟测试结果如图 5.2.18 所示。从图 5.2.17、图 5.2.18 中可知，模型能较好地模拟库区流向，与实际情况相符。进一步对比库区典型点位垂向流速，各点位流速模拟值基本与实测值吻合，变化趋势相同，模拟值整体略微低于实测值，能揭示水流的演进过程，具体见图 5.2.19。

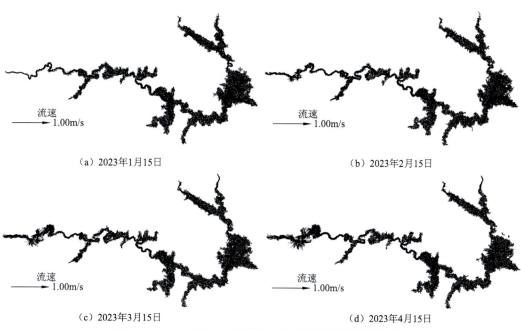

（a）2023年1月15日　　　　　　　　　　　　　（b）2023年2月15日

（c）2023年3月15日　　　　　　　　　　　　　（d）2023年4月15日

图 5.2.17　2023 年 1～4 月丹江口水库流场模拟测试结果图

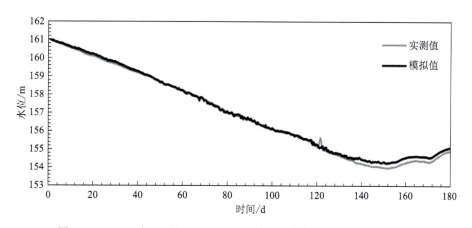

图 5.2.18　2022 年 11 月～2023 年 4 月丹江口水库水位模拟测试结果图

（2）水温测试结果。

丹江口库区水温测试结果及水温模拟场情况见图 5.2.20 和图 5.2.21。

通过统计丹江口库区关键点位的水温模拟值与实测值，计算得出均方根误差 RMSE 为 1.825℃，相对误差 RE 为 10.79%，满足水温模拟测试要求。

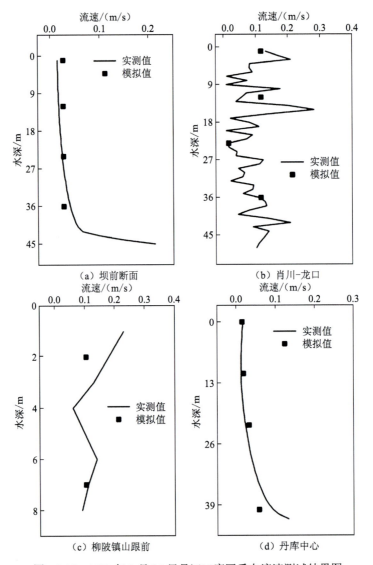

图 5.2.19　2023 年 3 月 24 日丹江口库区垂向流速测试结果图

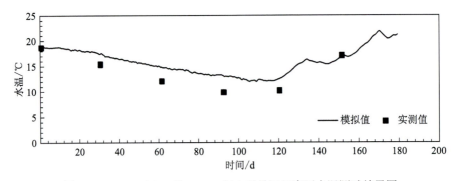

图 5.2.20　2022 年 11 月～2023 年 4 月丹江口库区水温测试结果图

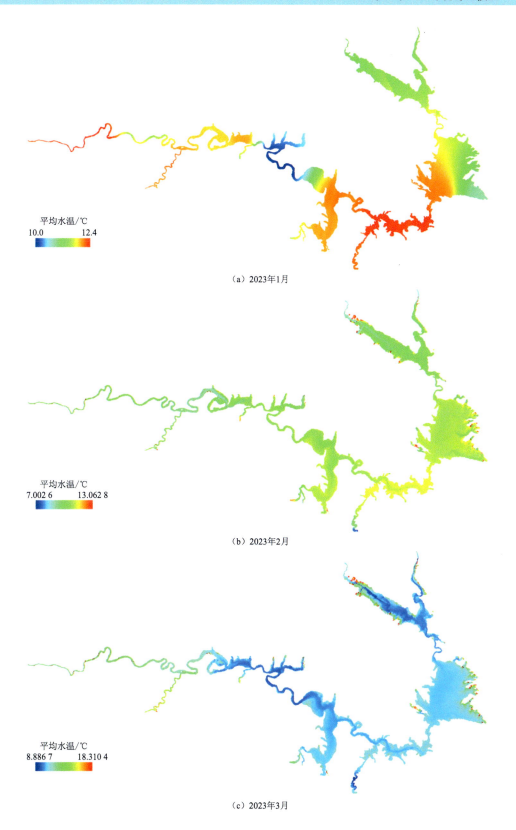

（a）2023年1月

平均水温/℃
10.0　12.4

（b）2023年2月

平均水温/℃
7.002 6　13.062 8

（c）2023年3月

平均水温/℃
8.886 7　18.310 4

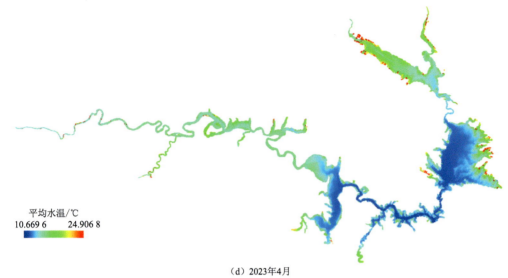

（d）2023年4月

图 5.2.21　2023 年 1～4 月丹江口库区水温模拟场图

（3）水质测试结果。

在模型参数率定的基础上，采用实测水质数据对模型进行验证测试。以 2022 年为例，TP 质量浓度模拟场见图 5.2.22。从图 5.2.22 中可知，水质整体分布差异明显，同一时刻水库不同区域的 TP 质量浓度差异较大。

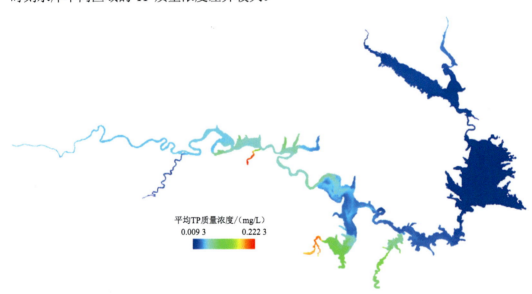

图 5.2.22　2022 年丹江口库区 TP 质量浓度模拟场图

丹江口库区典型站点水质模拟值与实测值的对比见图 5.2.23。由图 5.2.23 可知，TP 质量浓度模拟与实测的过程曲线吻合较好，水质模型验证效果良好，误差统计在 20%以内，能较准确地反映丹江口库区的水质变化过程。

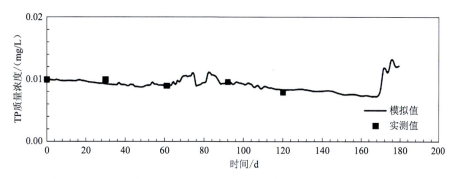

图 5.2.23　2022 年 11 月～2023 年 4 月丹库中心 TP 水质指标测试结果

（4）误差分析。

在地表水模拟中，有些状态变量可能会有非常大的平均值，以至于 RE 很小，这就造成了模型模拟效果非常准确的假象。因此，为科学地评估水质模拟精度，引入 RMSE、相对均方根误差 RRE 对模型精度进行测试分析，RMSE 和 RRE 的计算公式如下：

$$\text{RMSE} = \sqrt{\frac{1}{N}\sum_{n=1}^{N}(O^n - P^n)^2} \tag{5.2.23}$$

$$\text{RRE} = \sqrt{\frac{1}{N}\sum_{n=1}^{N}(O^n - P^n)^2} \Big/ (O^{\max} - O^{\min}) \tag{5.2.24}$$

式中：N 为实测值与模拟值的组数；O^n 和 P^n 分别为第 n 个实测值和模拟值；$O^{\max}$ 和 $O^{\min}$ 分别为最大和最小实测值。

表 5.2.5 统计了水质模拟值与实测值的 RMSE 和 RRE。由表 5.2.5 可知，库区典型点位模拟值与实测值的 RMSE 较小，RRE 基本小于 15%，水质模拟精度较高，因此，可认为建立的模型比较可靠，率定的参数值基本合理。

表 5.2.5　丹江口库区水质模拟值与实测值误差分析

误差	TP
RMSE/（mg/L）	0.003
RRE/%	15.0

4）水动力专项验证（库区水动力现场监测验证）

（1）非汛期丹江口水库流场模拟过程与实测过程的对比分析（2023 年 2 月）。

丹江口水库非汛期（2 月）流场模拟过程与实测过程的对比如图 5.2.24（丹库部分）和图 5.2.25（汉库部分）所示。从图 5.2.24、图 5.2.25 中可以看出，流场模拟趋势与实测趋势相似，流速规模一致，说明模型能够较好地模拟水库水动力过程。

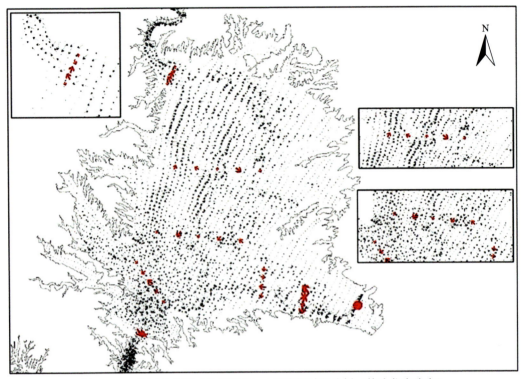

图 5.2.24　丹江口水库（丹库部分）2 月流场过程分析（箭头代表流向）

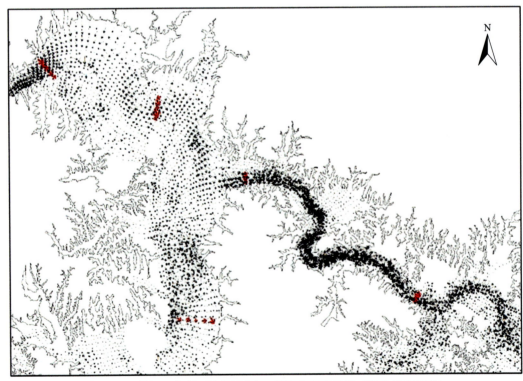

图 5.2.25　丹江口水库（汉库部分）2 月流场过程分析（箭头代表流向）

　　进一步分析垂向流速模拟情况，分别选择坝前、丹库中心和汉库中心等典型断面进行垂向流速比较，如图 5.2.26～图 5.2.28 所示。从垂向流速对比图可以看出，垂向流速趋势相似，流速大小量级一致，进一步证明模型在三维流场上的模拟也取得了较好的效果。

　　非汛期丹江口水库的流场主要受水库调度、风场及来流流量的影响，且丹库部分与汉库部分具有较为明显的差别。

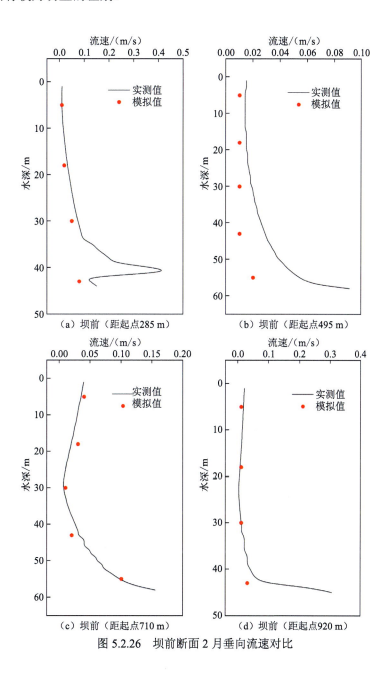

图 5.2.26　坝前断面 2 月垂向流速对比

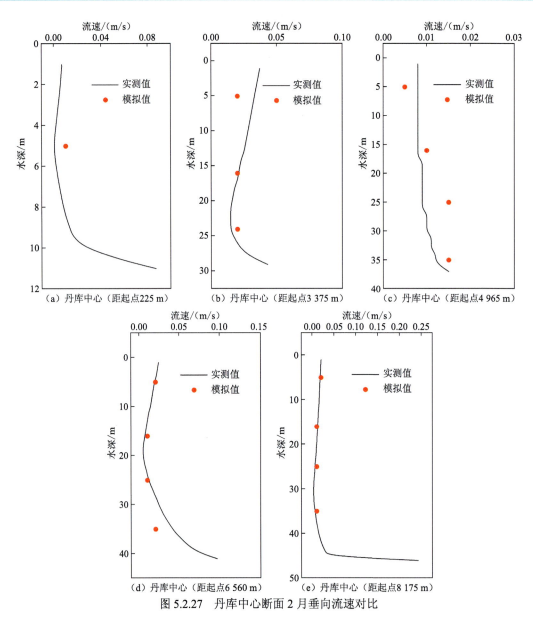

图 5.2.27 丹库中心断面 2 月垂向流速对比

　　丹江口水库具有明显的湖相特征。丹江口水库流场总体分布较为混乱，无明显规律，具有明显的风生流特征，说明该阶段丹江口水库库区表层流场受风的影响较为明显，且该阶段丹江口水库上游（丹江及老灌河）来水流量较小，而丹江口水库下泄流量较为稳定，使得丹江口水库整体流向朝向大坝。两种力量的相互作用，使得丹江口水库流场呈现出流向整体朝向大坝、局部混乱的现象。从丹库中心的垂向流速分布可以看出，底部流速大于表层流速，具有明显的异重流特征。一方面，2 月属于一年中的气温回升期，丹江口水库上游来流水温较库区水温低，形成稳定的底部异重流；另一方面，丹江口水库坝前断面的垂向流速表明，坝前底部流速显著大于表层流速，该阶段大坝采用底孔泄流，这种调度方式使得丹江口水库的底部异重流过程更加稳定。

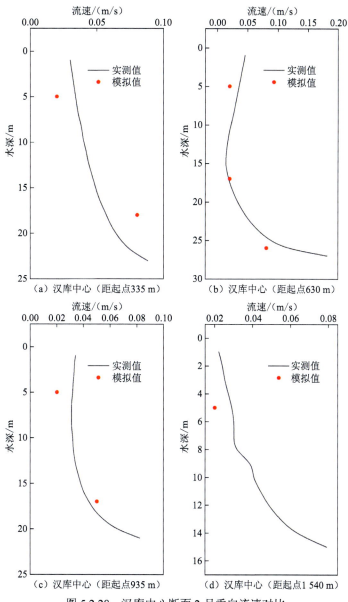

图 5.2.28　汉库中心断面 2 月垂向流速对比

汉库部分具有河相与湖相结合特征。一方面汉江来流使得汉库部分近河口区域具有明显的河相流态，另一方面，汉库中心附近区域具有回流流向，两个方向的流量使得汉库部分中心库区流场混乱。而在汉库部分近官山河河口区域，由于来流及出流较少，整个南部流速较小，主要受到风场影响，流场较为清晰。

（2）汛期丹江口水库流场模拟过程与实测过程的对比分析。

丹江口水库汛期（10 月）流场模拟过程与实测过程的对比情况如图 5.2.29（丹库部分）和图 5.2.30（汉库部分）所示。从图 5.2.29、图 5.2.30 中可以看出，流场模拟趋势与实测趋势相似，流速规模一致，说明模型能够较好地模拟水库水动力过程。

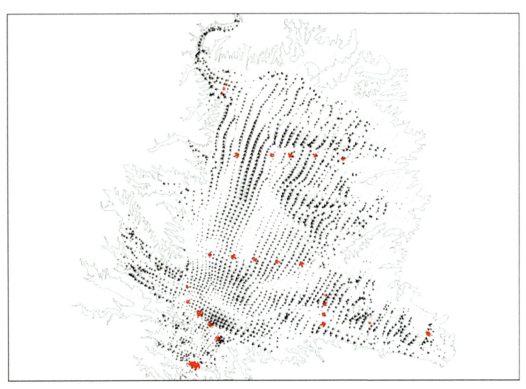

图 5.2.29　丹江口水库（丹库部分）10 月流场过程分析（箭头代表流向）

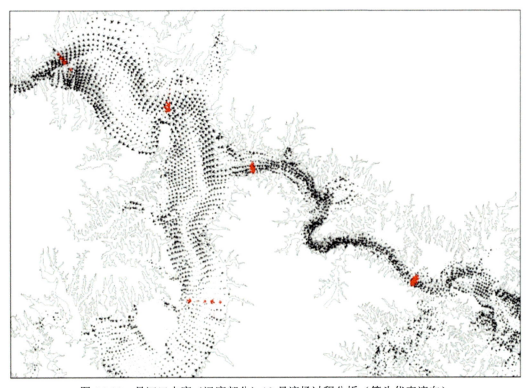

图 5.2.30　丹江口水库（汉库部分）10 月流场过程分析（箭头代表流向）

　　进一步分析垂向流速模拟情况，分别选择坝前、丹库中心和杨溪铺（汉库中心）等典型断面进行垂向流速比较，如图 5.2.31～图 5.2.33 所示。从垂向流速对比图可以看出，垂向流速趋势相似，流速大小量级一致，证明模型在三维流场上的模拟也取得了较好的效果。

　　丹江口水库汛期的流场主要受水库调度及来流流量的影响，且丹库部分与汉库部分具有较为明显的差别。

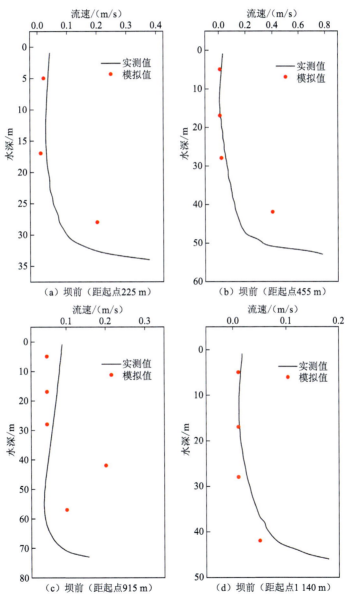

图 5.2.31　坝前断面 10 月垂向流速对比

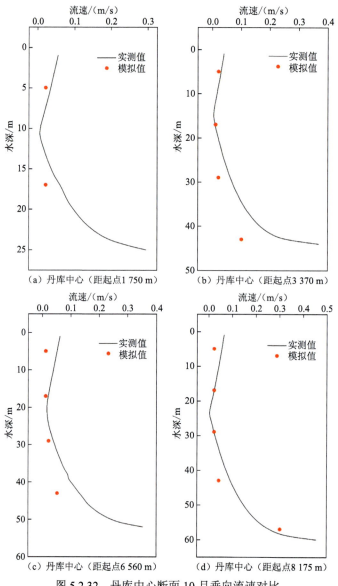

图 5.2.32　丹库中心断面 10 月垂向流速对比

　　10 月汛期末，丹江口水库蓄水至 170 m，水库水位达到正常蓄水位。从丹江口水库的流场图可以看出，水库水位较高，对上游来流具有强烈的顶托作用，在丹库部分的上游形成强烈的回流。同时，在丹库部分形成了两股力量，两者之间相互作用，逐渐演变成两个同向环流。一方面，坝前水位较高，形成流向丹库部分的水流，另一方面，丹江口水库的顶托作用又阻碍着朝大坝方向流入的水流。由于丹江口水库水体体积较大，两股力量在丹库部分的南部相遇，形成顺时针旋转的环流。

　　在这一阶段汉江来流逐渐减少，而丹江口水库整体水位较高，在汉库部分也出现了较为明显的回流。回流与汉江来流相遇，水流向四周滩地扩展，并在汉库部分的中部形成顺时针环流。

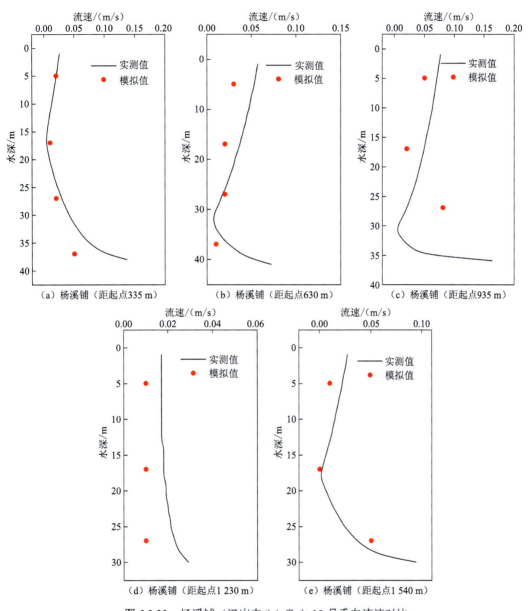

图 5.2.33 杨溪铺（汉库中心）断面 10 月垂向流速对比

5）水质专项验证（170 m 蓄水水质加密监测验证）

在 2023 年水库 170 m 蓄水期间，每日运用数字孪生丹江口水库三维水动力水质模型对水库水质浓度场进行推演，同时南水北调中线水源有限责任公司开展了汛期加密监测，表 5.2.6 统计了 170 m 蓄水过程中 TP 质量浓度模拟值与实测值，由统计结果可知，三维水动力水质模型在 170 m 蓄水过程中的水质模拟平均 RE 小于 20%，可以有效支撑 170 m 蓄水过程中丹江口水库水质安全监测。

表 5.2.6　170 m 蓄水过程中 TP 质量浓度模拟值与实测值的对比

日期	监测站点	实测值/（mg/L）	模拟值/（mg/L）	RE/%
2023-10-03	青山固定站	0.176 000	0.120	31.82
2023-10-03	3 号船坝前站	0.029 000	0.030	3.45
2023-10-03	4 号船龙口浪河站	0.044 000	0.042	4.55
2023-10-05	青山固定站	0.154 000	0.142	7.79
2023-10-06	青山固定站	0.186 000	0.171	8.06
2023-10-06	3 号船坝前站	0.044 000	0.038	13.64
2023-10-07	青山固定站	0.157 000	0.159	1.27
2023-10-07	3 号船坝前站	0.040 000	0.035	12.50
2023-10-08	青山固定站	0.128 000	0.152	18.75
2023-10-08	3 号船坝前站	0.038 000	0.035	7.89
2023-10-08	杨溪铺	0.135 000	0.159	17.78
2023-10-08	远河库湾	0.064 000	0.060	6.25
2023-10-08	浪河口下	0.088 000	0.087	1.14
2023-10-08	凉水河-台子山	0.044 000	0.040	9.09
2023-10-09	青山固定站	0.142 000	0.153	7.75
2023-10-09	3 号船坝前站	0.041 000	0.044	7.32
2023-10-09	杨溪铺	0.149 000	0.158	6.04
2023-10-09	远河库湾	0.106 000	0.106	0.00
2023-10-09	浪河口下	0.044 000	0.046	4.55
2023-10-09	凉水河-台子山	0.041 000	0.042	2.44
2023-10-10	青山固定站	0.128 000	0.140	9.38
2023-10-10	3 号船坝前站	0.040 000	0.041	2.50
2023-10-10	杨溪铺	0.142 000	0.159	11.97
2023-10-10	远河库湾	0.067 000	0.068	1.49
2023-10-10	浪河口下	0.038 000	0.039	2.63
2023-10-10	凉水河-台子山	0.038 000	0.029	23.68
2023-10-10	柳陂镇山跟前	0.121 000	0.141	16.53
2023-10-10	仓房镇赵沟	0.030 000	0.020	33.33

续表

日期	监测站点	实测值/（mg/L）	模拟值/（mg/L）	RE/%
2023-10-11	青山固定站	0.111 000	0.127	14.41
2023-10-11	3 号船坝前站	0.035 000	0.036	2.86
2023-10-11	凉水河-台子山	0.034 000	0.030	11.76
2023-10-11	浪河口下	0.032 000	0.036	12.50
2023-10-11	远河库湾	0.062 000	0.070	12.90
2023-10-11	杨溪铺	0.131 000	0.146	11.45
2023-10-11	柳陂镇山跟前	0.121 000	0.138	14.05
2023-10-11	仓房镇赵沟	0.062 000	0.033	46.77
2023-10-11	孤山枢纽下	0.132 000	0.126	4.55
2023-10-11	肖川-龙口	0.038 000	0.041	7.89
2023-10-12	青山固定站	0.114 000	0.124	8.77
2023-10-12	3 号船坝前站	0.040 000	0.038	5.00
2023-10-12	凉水河-台子山	0.034 000	0.035	2.94
2023-10-12	浪河口下	0.027 000	0.031	14.81
2023-10-12	远河库湾	0.061 000	0.072	18.03
2023-10-12	杨溪铺	0.143 000	0.145	1.40
2023-10-12	柳陂镇山跟前	0.123 000	0.140	13.82
2023-10-12	孤山枢纽下	0.037 000	0.039	5.41
2023-10-12	清泉沟	0.023 000	0.020	13.04
2023-10-13	青山固定站	0.109 000	0.115	5.50
2023-10-14	青山固定站	0.112 000	0.111	0.89
2023-10-15	青山固定站	0.103 492	0.110	6.29
2023-10-16	青山固定站	0.091 203	0.098	7.45
2023-10-17	杨溪铺	0.074 000	0.075	1.35
2023-10-17	远河库湾	0.048 000	0.059	22.92
2023-10-18	青山固定站	0.071 922	0.080	11.23
2023-10-18	杨溪铺	0.080 569	0.083	3.02
2023-10-18	远河河口	0.047 423	0.060	26.52

续表

日期	监测站点	实测值/（mg/L）	模拟值/（mg/L）	RE/%
2023-10-18	孤山枢纽下	0.066 157	0.063	4.77
2023-10-19	青山固定站	0.068 661	0.071	3.41
2023-10-19	杨溪铺	0.085 822	0.096	11.86
2023-10-19	远河库湾	0.050 070	0.045	10.13
2023-10-19	孤山枢纽下	0.071 521	0.066	7.72
2023-10-19	柳陂镇山跟前	0.081 532	0.094	15.29
2023-10-19	武当山三塘湾	0.040 059	0.032	20.12
2023-10-19	坝上（龙王庙）	0.027 188	0.033	21.38
2023-10-19	浪河口下	0.027 188	0.031	14.02
2023-10-20	青山固定站	0.061 425	0.070	13.96
2023-10-20	杨溪铺	0.082 889	0.078	5.90
2023-10-20	远河库湾	0.049 977	0.056	12.05
2023-10-20	孤山枢纽下	0.072 873	0.070	3.94
2023-10-20	柳陂镇山跟前	0.078 596	0.082	4.33
2023-10-20	武当山三塘湾	0.028 513	0.026	8.81
2023-10-20	肖川-龙口	0.032 806	0.034	3.64
2023-10-20	坝上（龙王庙）	0.029 944	0.032	6.87
2023-10-20	浪河口下	0.027 082	0.030	10.77
2023-10-21	青山固定站	0.065 000	0.067	3.08
2023-10-21	杨溪铺	0.080 954	0.083	2.53
2023-10-21	远河库湾	0.047 72	0.056	17.35
2023-10-21	孤山枢纽下	0.086 734	0.078	10.07
2023-10-21	柳陂镇山跟前	0.069 394	0.076	9.52
2023-10-21	武当山三塘湾	0.026 045	0.023	11.69
2023-10-21	肖川-龙口	0.030 380	0.030	1.25
2023-10-21	坝上（龙王庙）	0.020 265	0.026	28.30
2023-10-21	浪河口下	0.018 820	0.016	14.98
2023-10-22	青山固定站	0.063 016	0.069	9.50

续表

日期	监测站点	实测值/（mg/L）	模拟值/（mg/L）	RE/%
2023-10-22	杨溪铺	0.074 644	0.080	7.18
2023-10-22	孤山枢纽下	0.063 016	0.073	15.84
2023-10-22	柳陂镇山跟前	0.064 470	0.070	8.58
2023-10-22	武当山三塘湾	0.026 680	0.024	10.05
2023-10-22	肖川-龙口	0.033 947	0.029	14.57
2023-10-22	浪河口下	0.017 959	0.022	22.50
2023-10-23	青山固定站	0.063 016	0.067	6.32
2023-10-23	杨溪铺	0.081 943	0.083	1.29
2023-10-23	远河库湾	0.042 633	0.048	12.59
2023-10-23	孤山枢纽下	0.068 839	0.066	4.12
2023-10-23	柳陂镇山跟前	0.067 383	0.071	5.37
2023-10-23	武当山三塘湾	0.030 985	0.028	9.63
2023-10-23	肖川-龙口	0.030 985	0.032	3.28
2023-10-23	浪河口下	0.025 162	0.028	11.28
2023-10-24	青山固定站	0.067 792	0.073	7.68
2023-10-24	杨溪铺	0.082 283	0.086	4.52
2023-10-24	远河库湾	0.044 605	0.042	5.84
2023-10-24	孤山枢纽下	0.084 000	0.063	25.00
2023-10-24	柳陂镇山跟前	0.072 139	0.070	2.97
2023-10-24	武当山三塘湾	0.028 665	0.026	9.30
2023-10-24	肖川-龙口	0.040 258	0.041	1.84
2023-10-24	浪河口下	0.024 318	0.023	5.42
2023-10-25	青山固定站	0.069 476	0.073	5.07
2023-10-25	杨溪铺	0.073 808	0.076	2.97
2023-10-25	远河库湾	0.047 814	0.052	8.75
2023-10-25	孤山枢纽下	0.075 252	0.079	4.98
2023-10-25	柳陂镇山跟前	0.069 476	0.068	2.12
2023-10-25	武当山三塘湾	0.039 149	0.036	8.04

续表

日期	监测站点	实测值/（mg/L）	模拟值/（mg/L）	RE/%
2023-10-25	肖川-龙口	0.037 705	0.032	15.13
2023-10-25	浪河口下	0.023 000	0.022	4.35
2023-10-26	青山固定站	0.056 544	0.065	14.95
2023-10-26	杨溪铺	0.069 577	0.072	3.48
2023-10-26	远河库湾	0.039 167	0.042	7.23
2023-10-26	孤山枢纽下	0.060 889	0.063	3.47
2023-10-26	柳陂镇山跟前	0.059 441	0.066	11.03
2023-10-26	武当山三塘湾	0.034 822	0.036	3.38
2023-10-26	肖川-龙口	0.030 478	0.032	4.99
2023-10-26	浪河口下	0.023 237	0.021	9.63
2023-10-27	青山固定站	0.065 000	0.067	3.08
2023-10-27	杨溪铺	0.070 513	0.073	3.53
2023-10-27	远河库湾	0.040 904	0.036	11.99
2023-10-27	孤山枢纽下	0.064 873	0.058	10.59
2023-10-27	柳陂镇山跟前	0.055 003	0.068	23.63
2023-10-27	武当山三塘湾	0.031 034	0.034	9.56
2023-10-27	肖川-龙口	0.035 264	0.033	6.42
2023-10-27	浪河口下	0.023 985	0.025	4.23
2023-10-28	青山固定站	0.067 855	0.070	3.16
2023-10-28	杨溪铺	0.050 886	0.068	33.63
2023-10-28	远河库湾	0.035 332	0.042	18.87
2023-10-28	孤山枢纽下	0.065 027	0.056	13.88
2023-10-28	柳陂镇山跟前	0.060 785	0.065	6.93
2023-10-28	武当山三塘湾	0.032 504	0.028	13.86
2023-10-28	肖川-龙口	0.025 433	0.023	9.57
2023-10-28	浪河口下	0.024 019	0.026	8.25
2023-10-29	青山安阳	0.048 115	0.049	1.84
2023-10-29	杨溪铺	0.053 812	0.049	8.94

续表

日期	监测站点	实测值/(mg/L)	模拟值/(mg/L)	RE/%
2023-10-29	远河库湾	0.028 178	0.030	6.47
2023-10-29	孤山枢纽下	0.059 508	0.053	10.94
2023-10-29	柳陂镇山跟前	0.056 660	0.061	7.66
2023-10-29	武当山三塘湾	0.021 057	0.024	13.98
2023-10-29	肖川-龙口	0.022 481	0.019	15.48
2023-10-30	青山固定站	0.070 320	0.074	5.23
2023-10-30	杨溪铺	0.061 769	0.068	10.09
2023-10-30	远河库湾	0.030 414	0.036	18.37
2023-10-30	孤山枢纽下	0.053 217	0.049	7.92
2023-10-30	柳陂镇山跟前	0.058 918	0.063	6.93
2023-10-30	武当山三塘湾	0.026 138	0.022	15.83
2023-10-30	肖川-龙口	0.025 000	0.022	12.00
2023-10-31	青山固定站	0.085 000	0.076	10.59
2023-10-31	远河库湾	0.031 902	0.041	28.52
2023-10-31	孤山枢纽下	0.051 607	0.057	10.45
2023-10-31	柳陂镇山跟前	0.057 237	0.062	8.32
2023-10-31	武当山三塘湾	0.027 680	0.026	6.07
2023-10-31	肖川-龙口	0.025 000	0.026	4.00

参 考 文 献

[1] 金相灿, 屠清瑛. 湖泊富营养化调查规范(第二版)[M]. 北京: 中国环境科学出版社, 1990.

[2] 王新宏, 张强, 杨方社. Preissmann 隐式差分格式在渭河下游洪水演进计算中的应用[J]. 西北水力发电, 2003, 19(1): 1-4.

[3] GILL A E. Atmosphere-ocean dynamics[M]. Cambridge: Academic Press, 1982.

第 6 章

水生态专业模型

6.1 湖库藻类富营养化生态动力学模型

6.1.1 模型概述

湖库富营养化现象作为湖库生态系统退化的一种表现，指的是湖库从浮游生物低生产率状态向高生产率状态的转变，初期以硅藻和绿藻为主，随后由蓝绿藻（蓝藻）大量繁殖主导，形成水华，并带来一系列有害影响。例如：①水体缺氧，特别是接近水体底层的区域缺氧；②高营养物质浓度；③高藻类浓度；④低透光性和透明度；⑤来自藻类或厌氧物质的臭味；⑥物种组成的变化，如鱼类死亡等。2020 年《中国生态环境状况公报》显示，在开展营养状态监测的 110 个重要湖库中，中富营养状态高达 90.8%，严重影响人民生活和社会经济发展，水体富营养化问题不容忽视[1]。

为了深入了解富营养化现象的发生机制，并制订有效的延缓策略，亟须对湖库浮游植物的生长和营养盐的循环过程进行详细研究。湖库藻类富营养化生态动力学模型，能够揭示湖库富营养化的发生发展机理，评估和预测水质水环境变化趋势，是开展湖库定量评价和科学治理与管理的重要工具。本章将详细介绍湖库藻类富营养化生态动力学模型的构建原理、数学表达及其计算方法，旨在为湖库水资源的可持续管理和保护提供理论支持与实践指导。

6.1.2 模型分类与机理

1. 模型分类

从 20 世纪 60 年代初开展富营养化研究至今，湖库藻类富营养化生态动力学模型取得了飞速的发展。其一般分为三类：单一营养物质负荷模型、浮游植物与营养盐相关模型和生态动力学模型[1]。生态动力学模型涵盖生态过程和水动力过程，以质量平衡为理论依据，主要考虑物理迁移扩散项及由生物、化学、物理过程引起的源汇变化等，建立相关微分方程组，运用数值方法求解，模拟预测湖库中生物与非生物成分的变化及其之间的相互作用等。与另几种生态模型比较，生态动力学模型能够更详细、准确地模拟水体的富营养化过程。

2. 模型机理

1）模拟过程及影响要素

富营养化研究涉及物理、化学、地质和生物等过程，影响富营养化过程的重要因素有：水体的几何形状、深度、宽度、表面积和体积，流速和湍流扩散作用，水温和太阳辐射，总固体悬浮颗粒物，藻类，营养物质，磷、氮和硅，溶解氧。

具体来说，影响水系统的水质变化主要通过以下 8 个过程。①水力输运作用：营养物质在水体中随着入流进入水系统，通过出流离开水系统。②大气交换作用：一部分营养物质通过大气沉降作用进入水中，而气态营养物质会通过挥发作用离开水体，如溶解氧就可以从大气进入水中。③吸附作用与解吸作用：对于诸如磷之类的营养物质来说，其在溶解态与颗粒态之间存在一定的转换关系，这个过程存在化学平衡，主要受固体悬浮颗粒物浓度和分配系数的控制。④化学反应和藻类吸收：营养物质会通过某些化学或生物化学反应转化为其他物质，另外，藻类吸收可以降低水体中营养物的浓度。⑤底床-水界面间交换作用：溶解性营养物会通过扩散作用在水体与底床间进行交换。颗粒态营养物质会沉积在水底，并在一定条件下处于悬浮状态。⑥沉积成岩作用：在底床上，沉积成岩作用是决定水中营养物质循环与氧气平衡的重要因素。⑦风应力作用：风向与风速会对表层的营养物质运移及扩散产生重要影响。⑧波浪对底床应力的影响。

2）模型计算机理

湖库藻类富营养化生态动力学模型在湖库水质机理模型构建的基础上，重点考虑 3 种藻类（蓝藻、硅藻和绿藻）的动态变化、磷循环、氮循环等过程。模型考虑的源汇项包括生长、基础代谢、捕食、沉降、外部负荷、光照、温度等。模型采用的藻类动力学方程为

$$\frac{\partial B_x}{\partial t} = (P_x - \mathrm{BM}_x - \mathrm{PR}_x)B_x + \frac{\partial}{\partial z}(\mathrm{WS}_x \cdot B_x) + \frac{\mathrm{WB}_x}{V} \tag{6.1.1}$$

式中：B_x 为 x 种类藻的生物量（$\mathrm{g/m^3}$）；P_x 为 x 种类藻的生产率（$\mathrm{d^{-1}}$）；BM_x 为 x 种类藻的基础代谢率（$\mathrm{d^{-1}}$）；PR_x 为 x 种类藻的被捕食率（$\mathrm{d^{-1}}$）；WS_x 为 x 种类藻的沉降速率（$\mathrm{m/d}$）；WB_x 为 x 种类藻的外部负荷（$\mathrm{g/d}$）；V 为模拟单元体积（$\mathrm{m^3}$）；t 为时间（s）；z 为深度（m）。

湖库藻类富营养化生态动力学模型可模拟的指标及其性质如表 6.1.1 所示。

表 6.1.1 湖库藻类富营养化生态动力学模型可模拟的指标及其性质

模拟指标		性质
藻类	蓝藻	①易在盐水中富集；②淡水中可形成暴发；③可固定大气中的氮
	硅藻	①需要硅形成细胞壁；②沉降速度大
	绿藻	①沉降速度介于蓝藻和硅藻之间；②摄食压力大于蓝藻

	模拟指标	性质
藻类	大型藻类	①用区域密度而不是容量浓度表示；②生长受限于水域底部可以获取的物质；③可获取的营养盐受流速影响；④大型藻类附着于底部基质，其分布与水动力输运条件无关，主要集中在港口和近海岸区域
有机碳	溶解态	
	不稳定颗粒态	分解时间为几天到数周
	稳定颗粒态	①分解时间大于不稳定颗粒态；②沉积物中较多，分解后沉积若干年会增加底泥耗氧量
氮	溶解态有机氮	
	颗粒态有机氮	
	氨氮 NH_3-N	①基于热动力学原因，无机氮被吸收时，氨氮优先；②氨氮氧化生成硝酸盐氮，会消耗水体和沉积物中的溶解氧
	硝酸盐态氮	由于亚硝酸盐含量一般较低，本模型硝酸盐态氮包含硝酸盐氮和亚硝酸盐氮
磷	溶解态有机磷	
	颗粒态有机磷	
	总磷酸盐	通过分配系数将其分为溶解态、吸附态两类
硅	有效硅	①主要为溶解态；②可被硅藻利用
	颗粒态生物硅	①无法被硅藻利用；②主要是硅藻死亡产生
化学需氧量 COD		底泥释放的硫化物在氧化过程中，会消耗氧气，这是化学需氧量的主要组成部分之一
溶解氧 DO		水质模块中的核心指标，为高级生命形式所必需
总活性金属		①铁和锰是吸附磷酸盐和溶解硅的主要无机颗粒；②其沉降也是水体中磷酸盐和溶解硅减少的重要原因；③通过与溶解氧相关的分配系数分为颗粒态和溶解态
盐度		水动力学模块提供
温度		水动力学模块提供

根据水质指标的物理、化学、生物过程，主要水质指标的源汇项如下：①藻类。源汇项主要包括生长率（考虑了营养盐、光强、温度、盐度等因素的影响）、基础代谢、被捕食、沉降、外部负荷。②有机碳。颗粒态有机碳的源汇项主要包括藻类的捕食、分解为溶解态有机碳、沉降、外部负荷。溶解态有机碳的源汇项主要包括藻类的排泄和捕食、难降解和易降解的颗粒态有机碳的分解、溶解态有机碳的异养呼吸（降解）、脱氮、外部负荷。③磷。颗粒态有机磷的源汇项主要包括藻类的基础代谢和捕食、分解为溶解态有机磷、沉降、外部负荷。溶解态有机磷的源汇项主要包括藻类的基础代谢和捕食、颗粒态有机磷的分解、磷酸盐的矿化、外部负荷。对于总磷酸盐，源汇项主要包括藻类的基础代谢、藻类的捕食和摄取、溶解态有机磷的矿化、吸附态磷的沉降、溶解态磷在水体-沉积物界面的交换、外部负荷。④氮。颗粒态有机氮的源汇项主要包括藻类的基础代谢和捕食、分解为溶解态有机氮、沉降、外部负荷。溶解态有机氮的源汇项主要包括藻类的基础代谢和捕食、颗粒态有机氮的分解、氨氮的矿化、外部负荷。NH_3-N 的源汇项主要包括藻类的基础代谢、藻类的捕食和摄取、溶解态有机氮的矿化、硝酸盐的硝化作用、

水体-沉积物界面的交换、外部负荷。硝酸盐态氮的源汇项主要包括藻类摄取、氨氮的硝化、脱氮后转化为氮气、水体-沉积物界面的交换、外部负荷。⑤硅。颗粒态生物硅的源汇项主要包括硅藻的基础代谢和捕食、分解为有效硅、沉降、外部负荷。有效硅的源汇项主要包括硅藻的基础代谢、硅藻的捕食和摄取、吸附的有效硅颗粒态的沉降、颗粒态生物硅的分解、底层水体中沉积物与水体界面溶解态硅的交换、外部负荷。⑥COD。COD主要来自沉积物中释放的硫化物，在淡水中还包括释放的沼气。硫化物和沼气在动力学方程中都采用耗氧量表示。⑦DO。DO的源汇项主要包括藻类的光合作用和呼吸作用、硝化作用、有机物的微生物降解、表层复氧、底层沉积物耗氧、外部负荷。

6.1.3　模型构建流程

1. 问题分析和对象识别

分析研究对象的水体流动特点和生态环境特征，是模型构建的前提。与河流及河口相比，湖泊和水库分别具有以下特殊特点。

湖泊的主要特点包括：①流速较慢；②入出流量较小；③显著的垂向分层现象；④水体长时间滞留，导致湖水与沉积物中出现显著的内源性化学和生物过程，内源影响不容忽视；⑤湖泊的环流和混合过程相对复杂，受到湖泊形态、垂向分层、水动力和气象条件等因素的共同影响，较河流更加多变。根据湖流的动力机制，湖流可分为风生流、吞吐流（也称倾斜流）和密度流。风生流是由风力引发的湖水运动，是湖泊中最常见的流动形式；吞吐流由湖泊与相连河道之间的水体交换产生；密度流则由水温分层等因素造成水体密度差异引发。多数湖泊，特别是在夏季，表现出显著的水温分层现象，表层水温明显高于底层。

水库根据形态特征可以划分为河道型水库和湖泊型水库。河道型水库（如三峡水库）在水动力学上介于湖泊与河流之间，具有明显的纵向梯度，坝前区水深较大，库尾区和支流回水区水深较浅；湖泊型水库（如丹江口水库）的水流速度较慢，水体的物理化学过程与天然湖泊相似。

2. 资料收集整理

数据的系统收集和整理对模型构建而言至关重要，资料类别具体可分为基础资料、气象、水文、水质及其他资料。

1）基础资料

地理信息：包括湖库的地理位置、形状、面积、流域范围等信息。
地形数据：包括水下地形图、岸线地图、水深分布图等。
水体特征：包括湖库的类型（如天然湖泊、人工水库）、水位变化范围、蓄水量等。
人类活动：包括流域内的农业、工业、城市化等人类活动情况，以及它们对水体可能产生的影响。

2）气象数据

日照数据：包括日照时数、日照强度等。

气温数据：包括年平均气温、极端气温、季节性气温变化等。

降雨数据：包括年降雨量、降雨频率、降雨强度等。

风速和风向：包括湖库区域特别是对风生流有显著影响的区域的风速和风向数据。

湿度和蒸发量：包括年平均相对湿度、蒸发量等数据，对水体水分平衡有重要影响。

3）水文数据

入流和出流数据：包括湖库的出入流流量、流速等。

水位和蓄水量：包括湖库的水位变化、蓄水量变化等。

水体循环特征：包括湖库的水体循环模式，如风生流、吞吐流、密度流等。

垂向分层数据：包括水温、DO 浓度等参数的垂向分布数据。

4）水质数据

营养盐浓度：包括总氮、总磷、硅酸盐等营养盐的浓度数据。

叶绿素 a Chl-a 浓度：反映水体中藻类的生物量，作为藻类生长的关键指标。

DO：水体中溶解氧的浓度和分布。

透明度 SD：反映藻类密度和水体浑浊程度。

悬浮物和沉积物：包括总悬浮物（total suspended substance，TSS）、沉积物中的有机物含量等。

藻类群落结构：不同藻类的种群分布、丰度和生物量。

5）其他资料

历史数据：湖库的历史水质、水文、气象等数据，用于分析长期变化趋势，率定和验证模型精度。

管理措施：梳理湖库现有的管理与保护措施，如污染控制和生态修复措施，为未来治理提供参考依据。

3. 研究区域确定和网格划分

根据区域地形、水系特征及水文水质监测站的位置，确定模型的覆盖范围，确保水系与实际地形匹配。在此基础上，利用高精度影像图勾勒计算区域边界，生成计算网格。

常见的平面网格类型包括贴体正交曲线网格、矩形网格、三角形网格及其混合形式；垂向坐标常用等平面坐标（z）、等密度坐标（ρ）和地形拟合坐标（σ），不同坐标系适配不同网格。网格划分对岸线和水下地形精度有一定要求，实际工程中需根据情况选择合适的网格。常用的软件有 Gambit、Delft 3D RGFGRID、SEAGrid、地表水模拟系统（surface-water modeling system，SMS）等。

4. 边界条件确定

湖库模型边界条件一般考虑以下 4 种。

（1）大气边界。浅水湖库需注意风场驱动导致的风生浪、风生流等一些特征；深水湖库特别需要注意辐射、气温、云层等边界条件引起的热通量的交换和热力驱动。

（2）出入湖库支流流量和水质边界。对于深水湖库，在夏季必须考虑入流的层次及水体的分层。

（3）取水或退水边界。发电、灌溉或其他用途引起湖库水位的快速升降（特别是湖库岸边区域），需考虑取水或退水边界。

（4）点源污染与非点源污染的水质边界。

5. 初始条件确定

初始条件指定了水体的初始状态。一般来说，初始条件设置初始水深、初始流速、初始水体和床体温度，初始水深基于模拟对象的地形数据。

水动力初始条件为模拟区域的水位分布值。水质初始条件为模拟区域各污染物指标的分布值，可分区域确定初始值，也可对计算区域取均值。由于流速变化的时间较短，为方便起见，在拟开始时流速通常设定为 0。如模型试算及率定过程中，发现结果不合理，对初始条件进行反复调整。

一般，初始条件是很重要的，特别是当模型模拟时间太短时，初始条件的影响不能消除，那么模型结果的可靠性就值得怀疑。例如，一个深水湖泊，湖底水体的初始温度很难发生变化，在湖面的风应力和热传输作用改变它之前，其值持续几个月甚至一年。如果起转时间或模拟周期太短，初始温度将影响模型结果。初始水位也对湖库模拟结果具有较长时间的影响，初始水位决定了系统的初始水量，这将持续影响水动力和水质过程。

6. 模型率定验证

1）模型率定

模型参数确定可采用类比、经验公式、实验室测定、物理模型试验、现场实测及模型率定等方法，可以通过多类方法比对确定模型参数。当采用数值解模型时，宜通过模型率定核定模型参数。

模型率定就是先假定一组参数，代入模型得到计算结果，然后对计算结果与实测数据进行比较，若计算值与实测值相差不大，则把此时的参数作为模型的参数；若计算值与实测值相差较大，则调整参数，代入模型重新计算，再进行比较，直到计算值与实测值的误差满足一定的范围。

水动力及水质模型参数包括水文及水力学参数、水质（包括水温及富营养化）参数等。其中，水文及水力学参数包括流量、流速、坡度、粗糙系数等；水质参数包括污染物综合衰减系数、扩散系数、耗氧系数、复氧系数、蒸发散热系数等。

模型率定的第一阶段是用专门的、不用于模型设置的观测数据进行模型调整。模型率定也是设定模型参数的过程，当有相应的观测数据时，模型参数可以使用曲线拟合的办法估计，也可以由一系列的测试运行得出。通过比较模拟结果与实测数据的图形和统计结果，来进行性能评估，并进行反复试验、调整误差来选择合适的参数值，使其达到可以接受的程度。这个过程不断持续，直到模型能合理地描述观测数据或没有进一步改善为止。除非有具体的数据或资料显示其他的可能性，模型参数应该在时间和空间上保持一致。物理、化学与生物过程也都应该在空间和时间上保持一致。

水质模型的率定通常更加花费时间。涉及藻类生长和营养元素循环的参数，即使是可能的，也很难由观测数据来确定。确定它们的实际过程还要依靠文献、模型率定和敏感性分析。也就是说，要从文献中选取参数，最好是根据以往类似的研究来设置，随后运行模型进行参数微调，以使模型结果符合观测数据。

如果模型不能率定到可以接受的精确度，那么可能的原因有：模型被滥用或模型没有正确设置；模型本身不足以应付这种类型的应用，没有描述水体的足够数据；测量数据不可靠。

2）模型验证及精度要求

模型验证是指在模型参数确定的基础上，对模型计算结果与实测数据进行比较分析，验证模型的适用性、误差及精度。模型验证应采用与模型率定不同组实测数据进行。模型率定后的参数值在模型验证阶段不做调整，并使用与模型率定相同的方法对模拟结果进行图形和统计学评估，只是用不同的观测数据而已。一个可接受的验证结果应该是模型在各种外部条件下能很好地模拟水体。经过验证的模型仍然会受到限制，这是由率定和验证时所用的观测数据涉及的外部条件决定的。不在这些条件范围内的模型预测仍然是不确定的，为了提高模型的稳定性，如果可能的话，应该再用第三批独立的数据来验证模型。

严格地说，模型验证意味着用率定后的参数，再次运行模型，将输出结果与第二批独立的数据做对比。然而，在某种情况下，参数值可能需要细微调整，以使模型计算结果与验证所用的实测数据保持一致。例如，有些水质参数是在冬季条件下（或在干旱年）率定的，在验证时需要在夏季条件下（或在丰水年）进行再次率定。这种情况下，参数的变化要一致、合理、有科学依据。如果在验证阶段更改模型参数，那么更改后的参数就应该利用上次率定时所用的数据再率定一次。参考《水电工程溃坝洪水与非恒定流计算规范》（NB/T 10805—2021）、《海洋工程环境影响评价技术导则》（GB/T 19485—2014）及国际上现有的一些数学模型成果要求，来确定地表水水动力、水质模型验证应满足的精度。

6.2 应用案例

6.2.1 项目概况

长江是武汉水系的主干，由西南向东北横穿市域中心，并沿途接纳区间汇流来水。东沙湖水系位于长江干流右岸，汇水范围北起武青堤，南至武珞路、珞喻路，西起长江，东至厂前路、王青公路，汇水面积为 175 km²。东沙湖水系内的主要湖泊有东湖、内外沙湖、杨春湖和水果湖，主要港渠有青山港、罗家港、沙湖港、东湖港、新沟渠等。东沙湖水系现状分布情况见图 6.2.1。

图 6.2.1　东沙湖水系区位图

6.2.2 模型构建

1. 网格划分与地形插值

在 Google Earth 中提取东沙湖湖区轮廓线，在 ArcGIS10.2 中转换为大地坐标，导入 Delft 3D，以各湖区轮廓线为界线，生成各湖区的正交化网格。对东沙湖湖区实测断面地形数据采用最近邻点法进行插值，得到湖区每个网格单元的高程，见图 6.2.2。

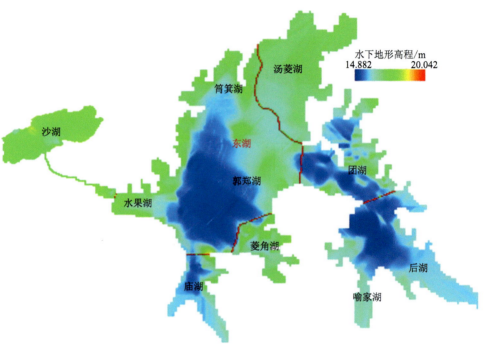

图 6.2.2　东沙湖湖区水下地形

2. 初始边界条件与模拟指标

1）边界条件

东沙湖水系模型考虑风场、气象条件、点源和面源排放对水动力、水质的影响。将逐日风速风向、气象数据及点源与非点源排放量、排放浓度输入模型中，作为水动力、水质计算的驱动条件。

（1）气象条件。采用武汉站 2014～2016 年逐日气象观测数据，包括气压、气温、相对湿度、降雨量、蒸发量、太阳短波辐射、云层覆盖度、风速、风向等。

（2）入湖点源污染排放量。通过实际调研，确定东沙湖水系主要入湖点源有 16 个，其中沙湖 2 个、东湖 7 个、严西湖 6 个、北湖 1 个。根据相关报告，并结合东沙湖水系内的人口数量对入湖污水进行估算，每天总入湖污水量约为 $1.96 \times 10^5 \ \mathrm{m^3}$，经过换算，入湖点源污水排放总流量为 2.269 m³/s。由于缺乏点源详细排放信息，本书将总排放流量分摊到各个污染点源入口，则每个点源的污水流量为 0.142 m³/s。入湖点源污水中化学需氧量 COD、总氮 TN、总磷 TP 的平均质量浓度分别约为 67.1 mg/L、9.18 mg/L、0.98 mg/L。

（3）入湖面源污染排放量。本书主要考虑城市面源污染对东沙湖水系的影响。在缺乏具体面源观测信息的情况下，结合东沙湖湖区的地形资料，对降雨径流的汇流路径进行分析，确定东沙湖水系各湖泊汇水入流口位置。将面源概化为点源输入，共计 24 个，其中沙湖 3 个、东湖 12 个、严西湖 7 个、北湖 1 个、严东湖 1 个。

利用气象部门提供的研究区域内 2014～2015 年的逐日降雨量，结合产流系数和地表汇水面积，可计算得到面源污染的逐日汇水流量 Q，计算公式为

$$Q = \frac{q \cdot H \cdot 10^{-3} \cdot A \cdot 10^{6}}{24 \cdot 3\,600} \tag{6.2.1}$$

式中：Q 为逐日汇水流量（m³/s）；q 为产流系数；H 为降雨量（mm）；A 为地表汇水面积（km²）。

（4）开边界条件。开边界水动力均采用水位控制，取各湖区多年平均水位，东沙湖湖区、北湖、严西湖、严东湖、杨春湖开边界水位分别为 19.15 m、18.40 m、18.40 m、17.65 m、19.15 m；开边界水质采用距离边界最近的水质监测点的监测值。

2）初始条件

模型从 2014 年 1 月 1 日开始运算，目的是给模型运算一定的预热期以便模型在计算到第一次监测时间之前达到稳定状态，也是为了减少初始误差对最终计算造成的影响。

（1）水动力初始条件。初始水位取东沙湖湖区多年平均水位，东沙湖湖区初始水位为 19.15 m，初始流速均为 0。

（2）水质初始条件。由于东沙湖湖区水质监测点有限，所以初始水质由东沙湖湖区监测起始时间段的监测值进行平均得到，水质初始条件见表 6.2.1。

表 6.2.1　水质初始条件

参数	DO 质量浓度 /(mg/L)	TOC 质量浓度 /(mg/L)	COD /(mg/L)	TP 质量浓度 /(mg/L)	PO₄-P 质量浓度 /(mg/L)	TN 质量浓度 /(mg/L)	NH₃-N 质量浓度 /(mg/L)	NO₃-N 质量浓度 /(mg/L)	Chl-a 质量浓度 /(μg/L)
值	9.55	3.60	10.0	0.063	0.019	0.696	0.081	0.246	6.70

注：TOC 指总有机碳；NO_3-N 指硝酸盐态氮。

（3）水温初始条件。初始水温为根据气温反演得到的计算初始时刻的水温，各湖泊均取 6.43℃。

3. 模型率定和验证

1）模型率定

利用 2014 年 4～5 月、2014 年 8 月、2014 年 10～11 月、2015 年 1 月东沙湖水系水

质监测结果，对模型参数进行率定。对于水动力参数，重点参考针对东沙湖湖区的相关研究文献，最终确定湖泊平均粗糙系数为 0.015。水质参数范围详见表 6.2.2，在参数范围内先选定一个水质参数初始值，然后根据实际情况反复试算得到一组较好的参数值用于研究不同流速和藻类生长。本次模拟水质参数最终率定结果见表 6.2.2。

表 6.2.2 主要水质参数率定结果及参考范围

类别	参数	率定结果	范围
藻类	藻类最大生长速率/d^{-1}	1.8	0.2～5.0
	藻类基础代谢速率/d^{-1}	0.012	0.010～0.920
	藻类捕食速率/d^{-1}	0.10	0.03～0.30
	背景光消减系数/m^{-1}	0.50	0.05～0.60
	藻类氮半饱和常数/（mg/L）	0.200	0.006～4.320
	藻类磷半饱和常数/（mg/L）	0.040	0.001～1.520
	藻类生长最佳温度下限/℃	20	15
	藻类生长最佳温度上限/℃	35	38
	藻类沉降速率/（m/d）	0.120	0.001～13.200
磷	难溶颗粒有机磷最小溶解速率/d^{-1}	0.010	0.001～0.015
	活性颗粒有机磷最小溶解速率/d^{-1}	0.08	0.01～0.63
	溶解态有机磷最小矿化速率/d^{-1}	0.10	0.01～0.63
氮	难溶颗粒有机氮最小溶解速率/d^{-1}	0.010	0.001～0.015
	活性颗粒有机氮最小溶解速率/d^{-1}	0.02	0.01～0.63
	溶解态有机氮最小矿化速率/d^{-1}	0.03	0.01～0.63
	最大硝化反应速率/d^{-1}	0.030	0.001～1.300
有机碳	难溶颗粒有机碳最小溶解速率/d^{-1}	0.010	0.001～0.015
	活性颗粒有机碳最小溶解速率/d^{-1}	0.04	0.01～0.63
	溶解态有机碳最小异氧呼吸速率/d^{-1}	0.05	0.01～0.63
COD	COD 降解系数/d^{-1}	0.025	0.010～0.100
DO	复氧系数	0.50	0.01～5.32

图 6.2.3 给出了 2014～2015 年东沙湖湖区监测点（SH1、GZH1）水温、DO 质量浓度、TOC 质量浓度、COD、TP 质量浓度、TN 质量浓度、Chl-a 质量浓度实测值和模拟值的对比图。从图 6.2.3 中可以看出，各点位各时间点水温、DO 质量浓度、TOC 质量浓度、COD、TP 质量浓度、TN 质量浓度、Chl-a 质量浓度的总体分布特征模拟值和实测值基本相近。总体来看，水温模拟结果与实测结果基本一致，水温、DO 质量浓度、TOC 质量浓度、COD、TP 质量浓度、TN 质量浓度、Chl-a 质量浓度在个别时间点、个别采样点的模拟值与实测值误差较大，大部分相对误差 RE 在 35%以内。

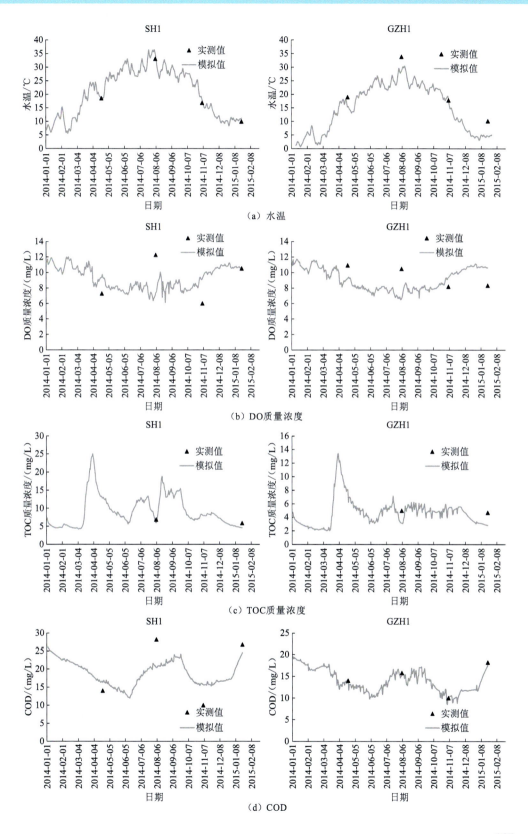

（a）水温

（b）DO质量浓度

（c）TOC质量浓度

（d）COD

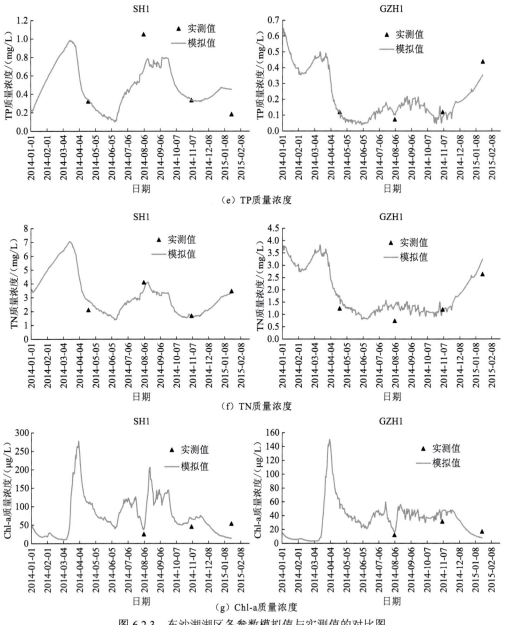

图 6.2.3 东沙湖湖区各参数模拟值与实测值的对比图

2）模型验证

采用 2016 年的水质实测数据对模型进行验证。图 6.2.4 给出了东沙湖湖区在 2016 年水温、DO 质量浓度、COD、TP 质量浓度、TN 质量浓度、Chl-a 质量浓度实测值和验证值的对比图。从图 6.2.4 中可以看出，各点位各时间点的水温、DO 质量浓度、COD、TP 质量浓度、TN 质量浓度、Chl-a 质量浓度总体分布特征验证值与实测值基本相近，大部分相对误差 RE 在 10%～35%，总体来说，验证结果在误差允许范围内。

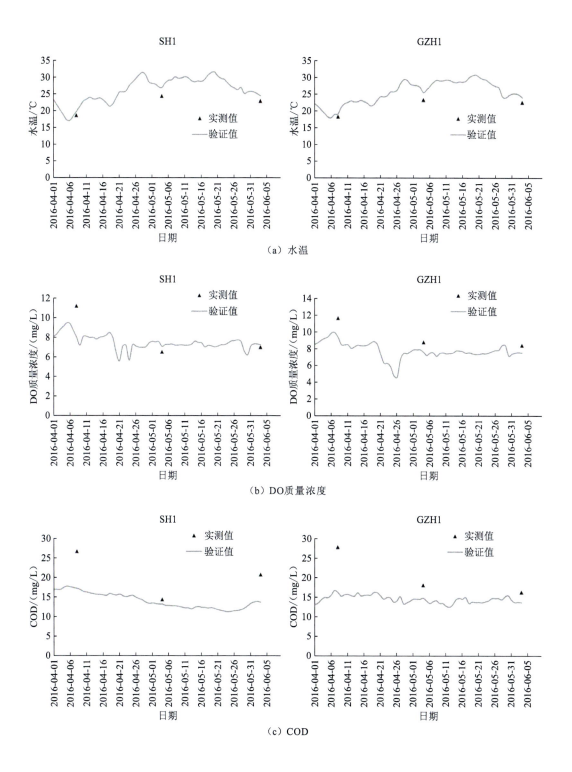

（a）水温

（b）DO质量浓度

（c）COD

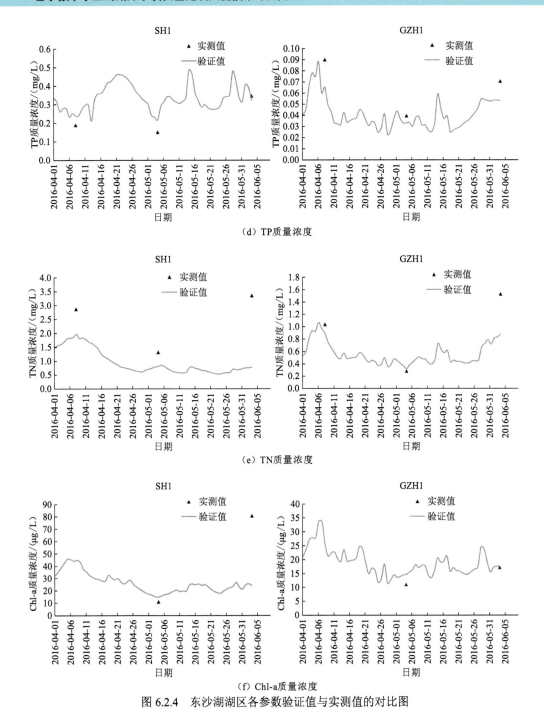

（d）TP质量浓度

（e）TN质量浓度

（f）Chl-a质量浓度

图 6.2.4　东沙湖湖区各参数验证值与实测值的对比图

6.2.3　情景模拟方案

1. 引水规模

本工程拟通过青山港进水闸和曾家巷闸站引长江水入湖，年引水流量总规模为

40 m³/s，青山港进水闸设计引水流量为 30 m³/s，曾家巷闸站设计引水流量为 10 m³/s。

2. 引水路线

根据大东湖水网连通总体方案，东沙湖水系连通路线的主流方向为西进东出：长江→青山港进水闸→青山港→东湖港→东湖→九峰渠（图6.2.5）。

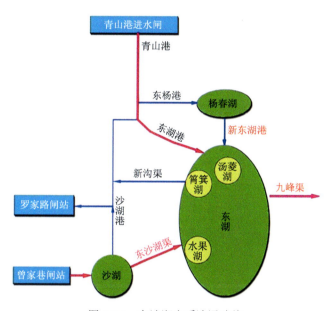

图6.2.5 东沙湖水系连通路线

3. 调水方案设计

表 6.2.3 给出了四种水网连通方案下东沙湖水系的引水闸门、排水港渠、分水港渠及相应的流量设计。方案一为6.2.3 小节第1部分所述引水调度方案，方案二在方案一的基础上加大了青山港引水流量，方案三在不改变方案一引水流量的基础上，增加了沙湖港和九峰渠2个排水港渠，方案四以青山港为主引水闸门引水进入东湖，再通过东沙湖渠进入沙湖，实现东沙湖水系的连通。

表6.2.3 东沙湖水系引水调度方案设计 （单位：m³/s）

方案名称	引水闸门及流量	分水港渠及流量	排水港渠及流量
方案一	青山港及30 曾家巷及10	东湖港及20 新东湖港及10 东沙湖渠及10	新沟渠及40
方案二	青山港及40 曾家巷及10	东湖港及30 新东湖港及10 东沙湖渠及10	新沟渠及50

方案名称	引水闸门及流量	分水港渠及流量	排水港渠及流量
方案三	青山港及30 曾家巷及10	东湖港及20 新东湖港及10 东沙湖渠及5	九峰渠及20 新沟渠及15 沙湖港及5
方案四	青山港及40	东湖港及30 新东湖港及10 东沙湖渠及10	九峰渠及20 新沟渠及10 沙湖港及10

6.2.4　模拟结果与讨论

1. 流场分析

通过数学模型对四种方案下东沙湖水系的生态水文变化情况进行模拟，引水前后东湖流场变化情况如图 6.2.6 所示。

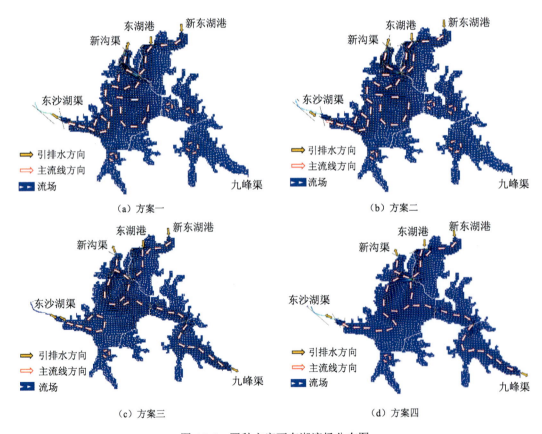

图 6.2.6　四种方案下东湖流场分布图

1）东湖

方案一：分别在汤菱湖北部的东湖港、新东湖港及水果湖东沙湖渠设置三个引水口，在筲箕湖新沟渠设置一个出水口。图 6.2.6（a）中，由于东湖港和新东湖港两个引水口与新沟渠出水口距离较短，水体置换范围仅局限在汤菱湖、水果湖、筲箕湖和郭郑湖西北部区域，而庙湖、团湖、后湖、喻家湖等远离主流线的水域水动力条件改善效果不明显，在这些子湖区内部，水流以迂回的方式流动。如图 6.2.7（a）所示，东湖湖区平均流速为 0.005 8 m/s，滞水区面积比例为 25.11%，动水区面积比例为 11.54%，水体更新率为 71.33%。

方案二：与方案一引、排水位置相同，东湖港引水流量增加 10 m³/s。图 6.2.6（b）中，除汤菱湖外，增加的引水流量并未明显改变整个东湖的流场分布，各湖区流场与方案一基本相似，但湖区流速略有增加，水动力条件得到一定程度的改善。如图 6.2.7（b）所示，东湖湖区平均流速为 0.006 1 m/s，滞水区面积比例为 25.57%，动水区面积比例为 11.90%，水体更新率为 72.44%。

方案三：在东湖港、新东湖港及水果湖东沙湖渠三个引水口与新沟渠、沙湖港和九峰渠三个出水口的引排水作用下，引发了全湖范围的水体流动，流场分布发生显著变化，原先存在于团湖、后湖子湖区的环流不复存在。图 6.2.6（c）中，从汤菱湖北部东湖港和新东湖港两个引水口引入的水流向南运动，穿过汤菱湖后分为两股，一股折向北经筲箕湖由新沟渠排出，另一股在郭郑湖湖心区域产生环流后折向东进入团湖水域，进而穿过后湖到达九峰渠入口。由于沙湖渠分担了一部分曾家巷的引水量，由东沙湖渠引入水果湖的水量减少，入水口处形成局部环流，不向北与从汤菱湖引入的水流汇合。如图 6.2.7（c）所示，东湖湖区平均流速为 0.005 8 m/s，滞水区面积比例为 21.40%，动水区面积比例为 16.59%，水体更新率为 100.00%。

方案四：分别在汤菱湖北部的东湖港、新东湖港设置两个引水口，在筲箕湖新沟渠、后湖九峰渠及水果湖东沙湖渠设置三个出水口。在两个引水口、三个出水口的引排水作用下，东湖流场发生显著变化。图 6.2.6（d）中，从汤菱湖北部东湖港和新东湖港两个引水口引入的水流向南运动，穿过汤菱湖后分为两股，一股折向北经筲箕湖由新沟渠排出，另一股在郭郑湖湖心区域产生环流后继续分为两股，一股折向东进入团湖水域，进而穿过后湖到达九峰渠入口，另一股折向西进入水果湖水域，进而通过东沙湖渠进入沙湖水域。如图 6.2.7（d）所示，东湖湖区平均流速为 0.006 8 m/s，滞水区面积比例为 22.77%，动水区面积比例为 19.61%，水体更新率为 100.00%。

2）沙湖

四种方案下沙湖流场分布及流速分布见图 6.2.8 和图 6.2.9。

方案一：在曾家巷设置一个引水口，引长江水进入沙湖；在东沙湖渠设置一个出水口，与东湖相通。从曾家巷引入的水流进入沙湖后，呈现出从位于沙湖西边中部的引水口向南部出水口的定向流动，出入口处流速较大，但远离主流线的区域，水体仍然以局部环流的形式运动，沙湖北部流速仍然较小。沙湖湖区平均流速为 0.004 3 m/s，滞水区面积比例为 20.42%，动水区面积比例为 6.95%，水体更新率为 100%。

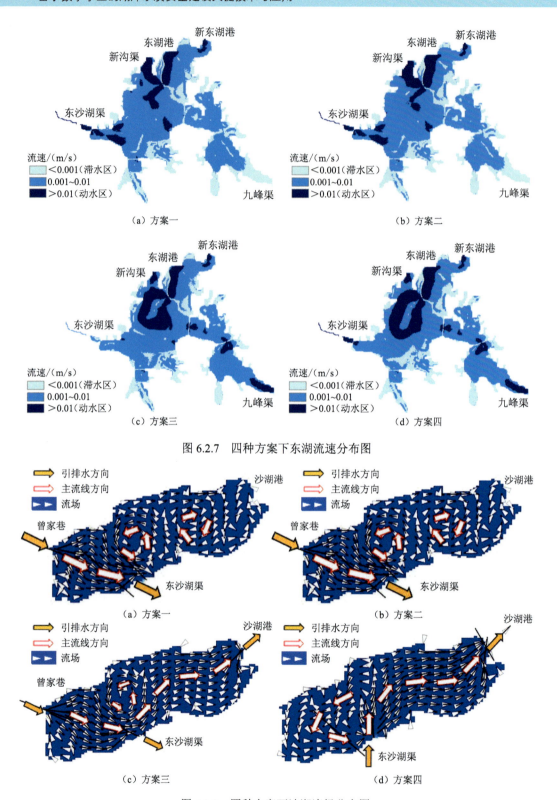

图 6.2.7　四种方案下东湖流速分布图

图 6.2.8　四种方案下沙湖流场分布图

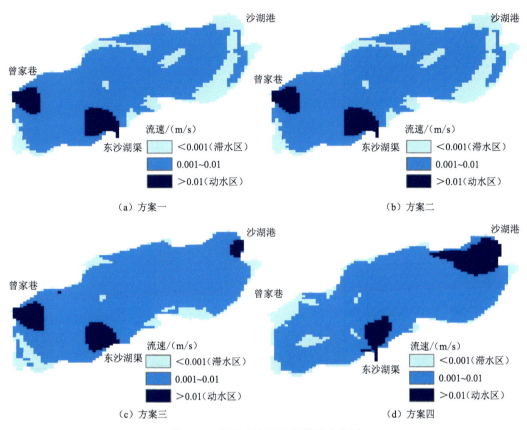

图 6.2.9　四种方案下沙湖流速分布图

方案二：与方案一的引、排水位置相同，引、排水流量相同，沙湖流场分布与方案一基本相同。受东湖引水量增加的影响，沙湖湖区流速略有增加，湖区平均流速为 0.004 3 m/s，滞水区面积比例为 18.66%，动水区面积比例为 6.99%，水体更新率为 100%。

方案三：在东湖东北部区域新增沙湖港出水口，从曾家巷引入的水流进入沙湖后分为两股，一股水流自西向东流至沙湖港出口，打破了原先存在于沙湖北部的环流形态，另一股向东南方向流动进入东沙湖渠。图 6.2.8 中湖心区域出现局部环流。湖区平均流速为 0.005 4 m/s，滞水区面积比例为 9.56%，动水区面积比例为 8.29%，水体更新率为 100%。

方案四：不从曾家巷引水，引水口位于东沙湖渠，出水口位于沙湖渠。从东沙湖渠引入的东湖水流进入沙湖后分为两股，一股水流自南向东北流至沙湖港出口，为主流线，另一股水流在西南方向形成局部环流。湖区平均流速为 0.005 8 m/s，滞水区面积比例为 10.02%，动水区面积比例为 11.18%，水体更新率为 100%。

3）不同方案比较

不同方案水动力评价指标对比结果见表 6.2.4，可得如下结论。

表 6.2.4　不同方案水动力评价指标对比结果

湖	指标名称	单位	现状	方案一	方案二	方案三	方案四
东湖	湖区平均流速	m/s	0.003 6	0.005 8	0.006 1	0.005 8	0.006 8
	最大流速	m/s	0.055 3	0.512 4	0.629 0	0.452 3	0.597 0
	动水区面积比例	%	2.04	11.54	11.90	16.59	19.61
	滞水区面积比例	%	24.63	25.11	25.57	21.40	22.77
	水体更新率	%	18.68	71.33	72.44	100.00	100.00
	水体更新周期	天	135.48	72.65	69.72	37.94	29.99
沙湖	湖区平均流速	m/s	0.002 1	0.004 3	0.004 3	0.005 4	0.005 8
	最大流速	m/s	0.009 1	0.130 8	0.130 7	0.061 2	0.131 0
	动水区面积比例	%	0.00	6.95	6.99	8.29	11.18
	滞水区面积比例	%	24.04	20.42	18.66	9.56	10.02
	水体更新率	%	100	100	100	100	100
	水体更新周期	天	101.84	6.11	6.16	4.38	30.15

对于东湖而言，方案四加快湖泊水流速度的效果最为显著，方案三次之，方案一最差。方案四中东湖平均流速为 0.006 8 m/s，最大流速可达 0.597 0 m/s，动水区面积比例可达 19.61%，滞水区面积比例仅为 22.77%，水体更新周期最短为 29.99 天。

对于沙湖而言，方案三对改善湖泊水流情况的效果最佳，水体置换快，水体更新周期最短，仅 4.38 天；滞水区面积最小，仅占沙湖水域的 9.56%。方案四对加快湖水流动速度最为有利，湖区平均流速和最大流速均明显增加，但由于引水口位于汤菱湖北部，与沙湖距离较远，引流慢，水体更新周期达 30.15 天，相比于其他连通方案均较长。

2. 水质分析

四种方案下，引水前后东湖和沙湖 TN 及 TP 质量浓度分布如图 6.2.10～图 6.2.13 所示，水质评价指标对比结果见表 6.2.5。

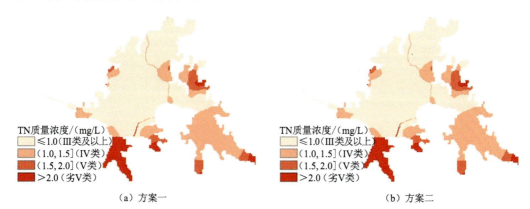

（a）方案一　　　　　　　　　　　　（b）方案二

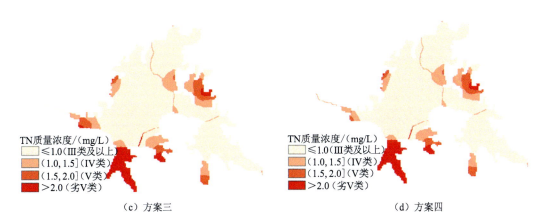

图 6.2.10　四种方案下东湖 TN 质量浓度分布图

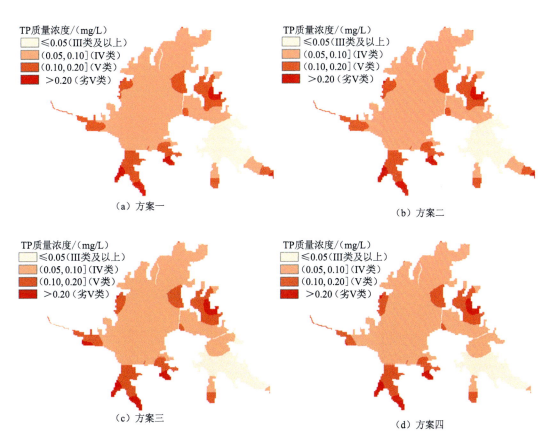

图 6.2.11　四种方案下东湖 TP 质量浓度分布图

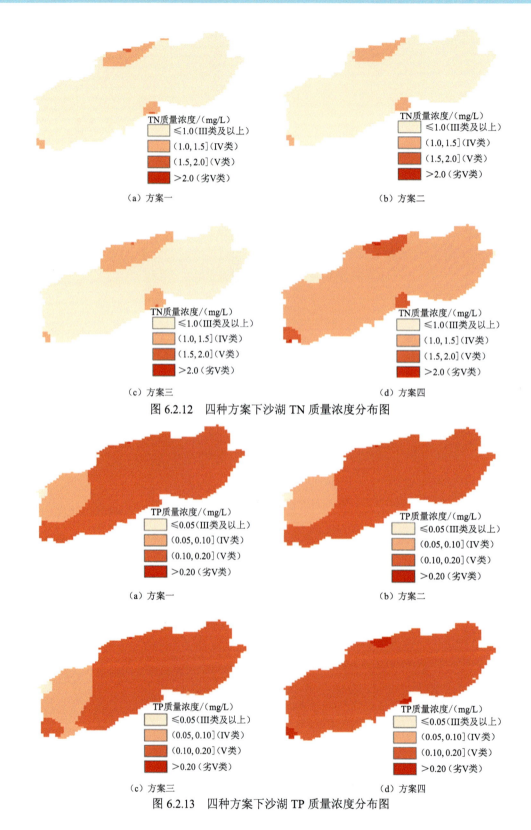

（a）方案一　　　　　　　　　　　　　（b）方案二

（c）方案三　　　　　　　　　　　　　（d）方案四

图 6.2.12　四种方案下沙湖 TN 质量浓度分布图

（a）方案一　　　　　　　　　　　　　（b）方案二

（c）方案三　　　　　　　　　　　　　（d）方案四

图 6.2.13　四种方案下沙湖 TP 质量浓度分布图

表 6.2.5　不同方案水质评价指标对比结果　　　　　（单位：%）

湖	指标名称	现状	方案一	方案二	方案三	方案四
东湖	TP 达标水域面积比	16.44	15.24	13.84	12.35	11.43
	TP 水质浓度改善率	—	5.26	−9.88	−11.62	−12.29
	TN 达标水域面积比	41.39	62.82	62.81	77.18	78.93
	TN 水质浓度改善率	—	−16.43	−17.64	−22.49	−26.18
沙湖	TP 达标水域面积比	0.00	16.03	15.37	19.14	0.00
	TP 水质浓度改善率	—	−72.28	−71.66	−72.37	−65.28
	TN 达标水域面积比	3.46	99.81	99.81	99.73	92.70
	TN 水质浓度改善率	—	−54.44	−54.48	−53.14	−30.66

综合水质结果及流场分析可以得出以下结论。

总引流量越大，水质改善效果越好。对比方案一及方案二，当青山港入流流量从 30 m³/s 增加到 40 m³/s 时，东湖湖区平均流速从 0.005 8 m/s 增大到 0.006 1 m/s，动水区面积比例从 11.54%增大到 11.90%。随着水动力条件的改善，TN 水质浓度改善率从 −16.43%变为−17.64%，TP 水质浓度改善率从 5.26%变为−9.88%，湖区的水质情况得到一定程度的改善。需要指出的是，方案二引水流量增大后，TN 及 TP 达标水域面积比均有一定程度的减小，可能是由于引入的长江水水质较差，原先达标的水域变为不达标，主要体现在汤菱湖西部局部水域，但就整体而言，湖区水质随着引流量的增大而得到改善。

引排水线路不同，水动力条件也不同，从而对东沙湖水系各个区域水质的影响也不相同。对比方案一及方案三可以看出：①方案三在后湖增设九峰渠排水口，增加了水流通路，带动了湖区水动力死角的流动，整体水动力情况得到改善，整个湖区特别是团湖及后湖的水质得到明显提升；②方案三在沙湖增加沙湖港排水口后，沙湖北部的环流形态不复存在，湖区平均流速从 0.004 3 m/s 增至 0.005 4 m/s，湖区滞水区面积比例从 20.42%降低至 9.56%，随着水动力条件的改善，方案三中沙湖 TP 水质浓度改善率、达标水域面积比等均较方案一有明显改善。

不同入流口流量分配对水质改善效果而言十分关键。对比方案三及方案四可以看出：对于东湖而言，方案四以 40 m³/s+0（青山港 40 m³/s，曾家巷 0）的流量分配较好，方案三以 30 m³/s+10 m³/s（青山港 30 m³/，曾家巷 10 m³/s）的流量分配较差。而对于沙湖而言，方案四由于引水距离长，水体更新慢，其 TN 及 TP 质量浓度均较其他三种方案更高。因此，在实际运行中，应充分论证引水闸的运行调度方案。

3. 水生态分析

四种方案下，引水前后东湖和沙湖 Chl-a 质量浓度分布及富营养化指数分布图如图 6.2.14～图 6.2.17 所示，不同方案水生态评价指标对比结果见表 6.2.6。

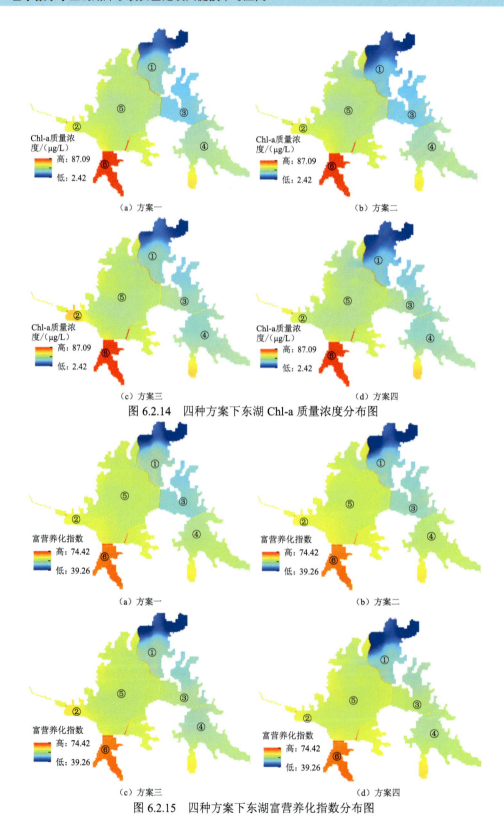

（a）方案一　　　　　　　　　　　　　（b）方案二

（c）方案三　　　　　　　　　　　　　（d）方案四

图 6.2.14　四种方案下东湖 Chl-a 质量浓度分布图

（a）方案一　　　　　　　　　　　　　（b）方案二

（c）方案三　　　　　　　　　　　　　（d）方案四

图 6.2.15　四种方案下东湖富营养化指数分布图

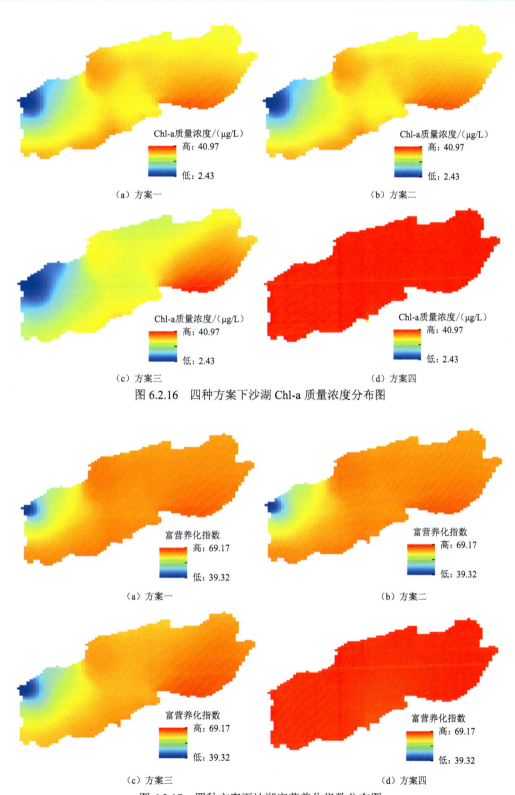

（a）方案一 （b）方案二

（c）方案三 （d）方案四

图 6.2.16 四种方案下沙湖 Chl-a 质量浓度分布图

（a）方案一 （b）方案二

（c）方案三 （d）方案四

图 6.2.17 四种方案下沙湖富营养化指数分布图

表 6.2.6　不同方案水生态评价指标对比结果

湖	指标名称	单位	现状	方案一	方案二	方案三	方案四
东湖	富营养化指数	—	64.71	62.57	62.08	62.79	62.17
	Chl-a 质量浓度变化率	%	—	−9.05	−11.97	−6.67	−9.75
沙湖	富营养化指数	—	71.73	62.73	62.74	61.62	68.28
	Chl-a 质量浓度变化率	%	—	−56.82	−56.88	−60.06	−29.06

综合水文、水质及水生态结果分析可知，Chl-a 质量浓度空间分布规律与流场变化及水质空间分布具有一致性。

对于东湖而言，引水量越大，Chl-a 质量浓度越小，富营养化指数越低。对比方案一、三与方案二、四，前者通过青山港引水 30 m³/s，后者通过青山港引水 40 m³/s，从图 6.2.14 中可以看出，方案二、四中汤菱湖①号区域的 Chl-a 质量浓度明显低于方案一、三中汤菱湖①号区域 Chl-a 的质量浓度。对比方案一、二、四与方案三，前者通过东沙湖渠的引排流量均为 10 m³/s，而后者通过东沙湖渠的流量仅为 5 m³/s，过水流量的减小，造成方案三中郭郑湖②号区域的 Chl-a 质量浓度明显高于其余三个方案。对比方案一、二与方案三、四，后者增设九峰渠排水口，团湖及后湖湖区引水流量增大，使得后湖④号区域的 Chl-a 质量浓度在一定程度上减小。需要指出的是，方案三、四中团湖③号区域的 Chl-a 质量浓度相对于方案一、二略有增加，可能是由将郭郑湖 Chl-a 质量浓度较高的水流引入团湖水域导致的。从富营养化指数分布图（图 6.2.15）中可得出与 Chl-a 质量浓度分布规律相似的结论。

对于沙湖而言，四种方案的区别主要体现在引排水路线上。主流线区经过的水域，其 Chl-a 质量浓度小，富营养化指数低。对比方案一、二，方案三在曾家巷引水量与引水口位置相同的条件下，新增了沙湖港出水口，改变了主流线方向和流经水域，形成了从曾家巷向北汇入沙湖港的水流，改善了沙湖北部乃至整个沙湖湖区的水动力环境。从图 6.2.16 中可以看出，方案三中沙湖北部由于水动力条件的改善，其 Chl-a 质量浓度较方案一、二有明显降低。而方案四由于引水距离长，引水速度慢，水体更新率低，其 Chl-a 质量浓度较其他三种方案高。

参 考 文 献

[1] 潘婷, 秦伯强, 丁侃. 湖泊富营养化机理模型研究进展[J]. 环境监控与预警, 2022, 14(3): 1-6, 26.

第 **7** 章

水生态环境智能模型

7.1　水质水生态智能预报模型

7.1.1　基于长短期记忆算法的水质指标预测模型

水质快速预警是开展应急处置与调控的重要前提条件。基于重点控制断面、自动监测站、水厂的水质监测数据，以及各节点流量、水位、流速、污染物浓度等大数据分析，基于长短期记忆（long short term memory，LSTM）算法构建水质指标预测模型。

1. 国内外研究现状

1）粗糙集理论

对于数据维度较大（水质数据的多种监测项目）的模型，需要通过行之有效的方法降低维度。为了处理这类属性约简问题，1982 年 Pawlak[1]通过引入上、下近似的概念提出了粗糙集理论。上、下近似通过等价关系这一数学概念描述，在数据处理上有很多重要优势。例如，它为寻找数据中的隐藏模式提供了有效算法，它可以找到数据的最小集并评价数据的重要性等。粗糙集理论是一种处理不精确、不一致、不完整等各种不完备信息的有效工具，这一方面得益于它的数学基础成熟，不需要先验知识，另一方面在于它的易用性。

粗糙集理论创建的目的和研究的出发点是直接对数据进行分析与推理，从中发现隐含的知识，揭示潜在的规律，因此它是一种天然的数据挖掘或知识发现方法。经典的帕夫拉克（Pawlak）粗糙集只适用于处理离散型数据，若要处理连续数据就必须将连续数据离散化，但在连续数据离散化的过程中很难避免缺失一部分数据或改变原始数据，因此无法直接处理水质数据中的数值型数据。为此，基于帕夫拉克粗糙集，1988 年 Lin[2]通过引入邻域粒化和粗糙集逼近的概念，提出了邻域粗糙集，其可以有效地处理连续数值型数据。Yao[3]与 Wu 和 Zhang[4]讨论了邻域逼近空间的性质，提出了与度量空间的邻域概念不同的邻域粒子的概念。2008 年胡清华等[5]对邻域粗糙集的性质进行了讨论，并成功应用于属性约简、特征选择、分类和不确定性的推理。在此之后，众多学者投入对邻域粗糙集的研究当中。例如，2012 年 Ma[6]提出了基于覆盖集的邻域粗糙集。

2）深度学习

神经网络的发展经历了三个显著的阶段。首先，第一波发展始于 20 世纪 40～60 年代，这是控制论的兴起时期。1943 年，McCulloch 和 Pitts[7]提出了一种简化的神经元模型，即 M-P 模型，为人工神经网络的提出奠定了基础。随后在 1949 年，Hebb 在生物学习理论领域做出了重要贡献，他的工作促进了人工神经元模型的发展[8]。1958 年，Rosenblatt[9]提出了感知器模型，这是最早的神经网络之一，能够对单个神经元进行训练。

第二波发展发生在 1980～1995 年，这一时期以联结主义的兴起为标志。1986 年，Rumelhart 等[10]提出了一种可以通过反向传播（back propagation，BP）算法训练的神经网络——BP 神经网络，它能够学习复杂的非线性映射。尽管 BP 神经网络在处理复杂问题上表现出色，但它也存在一些问题，如对大型数据集的依赖、梯度消失问题、易陷入局部最优及存在过拟合的风险。

当前正处于第三次发展浪潮中，即深度学习时代，这一浪潮大约始于 2006 年。Hinton 等[11]、Bengio 等[12]和 Ranzato 等[13]在理论与实践上证明了深度神经网络的有效性，使得多层神经网络得以在机器学习领域广泛应用。深度学习的核心在于学习数据的多层次特征组合，而不仅仅是模仿生物神经网络的结构。

为了解决神经网络训练中的问题，如过拟合和计算效率问题，研究者提出了多种方法。2012 年，Hinton 等[14]引入了 Dropout 技术，通过随机丢弃输入层的权重来减少过拟合。此外，其他学者也提出了多种优化策略，如基于粒子群优化的神经网络及基于进化算法的进化神经网络。尽管这些方法在一定程度上提高了训练效率和泛化能力，但它们在数据处理和分析方面仍面临一些挑战，包括训练时间长和学习效率不高。

粗糙集理论在神经网络中的应用能够提升网络处理含噪声、冗余或不确定数据的能力，并且它不需要依赖先验知识，显示出较高的效率。2000 年，Zhang 等[15]提出了粒度神经网络（granular neural network，GNN），用于处理数据库中的数字和文本数据，学习输入输出间的粒度关系，并进行新关系的预测。GNN 能够处理粒状数据、提取 IF-THEN 规则、融合数据组、压缩数据库，并预测新数据。在 2002 年，Syeda 等[16]提出了并行 GNN，用于信用卡欺诈检测，提高了数据挖掘和知识发现的效率。2005 年，Vasilakos 和 Stathakis[17]将 GNN 用于目标分类，通过处理卫星图像获得了良好结果。2007 年，Zhang 等[18]开发了基于遗传算法的 GNN，并应用于基于网页的股票预测。2008 年，Marček 和 Marček[19]将 GNN 用于工资时间序列数据的预测，并构建了逻辑径向基函数（radial basis function，RBF）神经网络。2012 年，Lui[20]利用最小二乘法建立了新型神经网络，并基于主成分分析构建了埃尔曼（Elman）神经网络和基于因子分析的 RBF 神经网络作为分类器。此外，神经网络在水质预测领域也有广泛应用。Palani 等[21]在 2009 年应用神经网络进行水质预测。2018 年，Peleato 等[22]利用神经网络结合荧光光谱降维技术，预测饮用水消毒副产品。2019 年，García-Alba 等[23]将基于流程的神经网络模型用于河口海水水质分析。这些研究表明，神经网络在处理水质相关数据方面具有显著的潜力和效果。

2. 水质变化主控因子的数据挖掘模型构建

由于仪器设备失灵或检修，难免会存在部分数据缺失的情况，直接删除缺失数据会使得时间序列信息缺失，且数据量减少。因此，水质变化主控因子的数据挖掘模型构建的第一步需要进行数据补全。之后，建立邻域粗糙集属性约简模型进行水质数据的挖掘工作。

1）数据补充

由于设备维修、故障等原因，在自动监测站中间隔为 6 h 的水质数据存在少量缺失的情况，如表 7.1.1 所示。

表 7.1.1　某水质自动监测站数据表

采样时间	水温/℃	pH	电导率/（μS/cm）	浊度/NTU	溶解氧 DO 质量浓度/（mg/L）	氨氮 NH$_3$-N 质量浓度/（mg/L）	高锰酸盐指数 COD$_{Mr}$质量浓度/（mg/L）	溶解性有机物质量浓度/（mg/L）
2018-05-19 20:00	22.3	8.21	318	11.3	10.07	0.012	<0.50	8.788
2018-05-19 14:00	22.7	8.23	317	9.8	10.39	0.012	<0.50	8.577
2018-05-19 08:00	22.5	8.16	317	11.1	9.75	0.010	设备故障	8.736
2018-05-19 02:00	22.5	8.17	320	11.4	9.75	0.011	设备故障	8.749
2018-05-18 20:00	22.6	8.22	321	12.1	10.45	0.011	设备故障	8.670

直接剔除异常数据，会使得时间序列信息缺失，且数据量减少。采用聚类补全方法，可以保有连续的水质数据信息。将每一个站点的每一个采样时间得到的 n 个水质指标看成 n 维欧几里得空间中的点 x_i，如式（7.1.1）所示：

$$x_i = \{x_{i1}, x_{i2}, \cdots, x_{in}\} \tag{7.1.1}$$

根据式（7.1.2）可以计算每两个点（x_i、x_j）之间的欧几里得距离：

$$d(x_i, x_j) = \sqrt{\sum_{k=1}^{n}(x_{ik} - x_{jk})^2} \tag{7.1.2}$$

式中：x_{ik} 为不同水质指标。

距离越小的两个点，水质状态越接近。若某采样时间得到的水质数据有 m 个，则缺失水质数据 n-m 个。将水质数据按照每个时间点是否缺失数据分为两个数据集。将缺失 n-m 个水质数据的水质指标看成欧几里得空间中 m 维的点。寻找与此点距离最近的 10 个无缺失水质数据的点，作为与此时间点水质状态相近的 10 个点。此时，取该 10 个点无缺失水质数据的平均值，补全 n-m 个缺失的水质数据。

数据补全方法的过程如表 7.1.2 所示。

表 7.1.2　数据补全方法

输入：自动监测站水质数据文件

输出：缺失数据的补全

开始

　步骤 1：以同一时间点的 n 个水质数据建立 n 维欧几里得空间

　步骤 2：计算所有点之间的欧几里得距离

　步骤 3：选择与缺失数据的点最近的 10 个点，并以其均值补全缺失数据

结束

2）数据挖掘

对于水质监测数据（连续数值型数据），采用邻域粗糙集属性约简方法进行数据预处理和数据挖掘工作。

给定信息表 IS $=\langle U, A\rangle$，其中，$U=\{x_1, x_2, \cdots, x_n\}$ 称为论域，表示非空有限样本集，$A=\{a_1, a_2, \cdots, a_m\}$ 是非空有限属性集。对 $\forall a \in A$，$a: U \rightarrow V_a$，即 $a \in A, \forall x \in U$，其中 $V_a=\{a(x) \mid x \in U\}$ 是属性 a 的值域。更具体地说，若 $A=C \cup D$，$\langle U, A\rangle$ 是一个决策表，其中，C 是条件属性集，D 是决策属性集。

给定实数空间上的非空有限集合 $U=\{x_1, x_2, \cdots, x_n\}$，对 $\forall x_i \in U, \delta \geqslant 0$，定义其 δ-邻域为 $\delta(x_i)=\{x_j \mid x_j \in U, d(x_i, x_j) \leqslant \delta\}$。其中，$\delta(x_i)$ 称为由 x_i 生成的 δ-邻域信息粒子，d 是一个距离函数，对 $\forall x_1, x_2, x_3 \in U$，$d$ 满足下列条件：

（1）$d(x_1, x_2) \geqslant 0$，而且 $d(x_1, x_2)=0$ 当且仅当 $x_1=x_2$；

（2）$d(x_1, x_2)=d(x_2, x_1)$；

（3）$d(x_1, x_3) \leqslant d(x_1, x_2)+d(x_2, x_3)$。

考虑 x_1、x_2 是 M 维空间 $A=\{a_1, a_2, \cdots, a_M\}$ 中的两个对象，$f(x, a_i)$ 表示样本 x 的属性 a_i 上的取值，故常用闵可夫斯基距离表示样本之间的距离，即

$$d_p(x_1, x_2)=\left[\sum_{i=1}^{M}\left|f(x_1, a_i)-f(x_2, a_i)\right|^p\right]^{\frac{1}{p}} \tag{7.1.3}$$

其中，当 $p=1$，2，∞ 时，d_p 分别称为曼哈顿距离、欧几里得距离及切比雪夫距离。邻域的形状取决于距离函数 d。如图 7.1.1 所示，在二维实数空间中，基于上述三种距离的邻域，分别是围绕中心样本 x 的菱形、圆形和正方形区域。而在实际应用中，欧几里得距离最为常用。

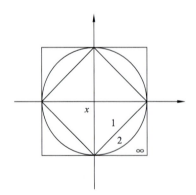

图 7.1.1　二维实数空间邻域粒子

给定度量空间 $\langle U, d\rangle$ 的邻域粒子族 $\{\delta(x_i) \mid x_i \in U\}$ 构成了 U 的一个覆盖。论域空间 U 上的一个邻域关系 N 可用一个关系矩阵来表示，即

$$\boldsymbol{M}(N)=(r_{ij})_{n \times n} \tag{7.1.4}$$

其中，

$$r_{ij} = \begin{cases} 1, & d(x_i, x_j) \leqslant \delta \\ 0, & 其他 \end{cases} \tag{7.1.5}$$

显然，N 满足 $r_{ii}=1$ 且 $r_{ij}=r_{ji}$。

邻域关系是一种相似关系，它将对象聚集起来按距离得到相似性和不可分性，并且相同邻域粒度中的样本是彼此接近的。给定一个邻域近似空间 $\langle U, N \rangle$，其中 U 是论域空间，N 是其上的一个邻域关系。给定一个邻域近似空间 $\langle U, N \rangle$ 及 $X \subseteq U$，定义 X 在 $\langle U, N \rangle$ 上的下、上近似及近似边界分别为式（7.1.6）、式（7.1.7）式（7.1.8）。

$$\underline{N}X = \{x_i \mid \delta(x_i) \subseteq X, x_i \in U\} \tag{7.1.6}$$

$$\overline{N}X = \{x_i \mid \delta(x_i) \cap X \neq \varnothing, x_i \in U\} \tag{7.1.7}$$

$$BN(X) = \overline{N}X - \underline{N}X \tag{7.1.8}$$

一个信息系统称为一个邻域信息系统 $\langle U, A, N \rangle$，若系统中存在生成 U 上的一组邻域关系的属性。具体而言，一个邻域信息系统也称为邻域决策系统 $\langle U, C \cup D, N \rangle$，若系统中同时存在条件属性集 C 和决策属性集 D，并且至少存在一个条件属性包含 U 上的一个邻域关系。

给定一个邻域决策系统 $\langle U, C \cup D, N \rangle$，$D$ 将 U 划分为 N 个等价类：$X_1, X_2, \cdots, X_N$，且 $\delta_B(x_i)$ 是由属性 $B \subseteq C$ 生成的邻域信息粒子，则定义决策 D 关于 B 的下、上近似及边界分别为式（7.1.9）、式（7.1.10）、式（7.1.11）。

$$\underline{N_B}D = \bigcup_{i=1}^{N} \underline{N_B}X_i \tag{7.1.9}$$

$$\overline{N_B}D = \bigcup_{i=1}^{N} \overline{N_B}X_i \tag{7.1.10}$$

$$BN(D) = \overline{N_B}D - \underline{N_B}D \tag{7.1.11}$$

其中，

$$\underline{N_B}X_i = \{x_i \mid \delta_B(x_i) \subseteq X, x_i \in U\} \tag{7.1.12}$$

$$\overline{N_B}X_i = \{x_i \mid \delta_B(x_i) \cap X \neq \varnothing, x_i \in U\} \tag{7.1.13}$$

同时，在 $\langle U, C \cup D, N \rangle$ 中，决策 D 关于 B 的下近似也叫作决策正域，即 $\mathrm{POS}_B(D) = \underline{N_B}D$。$\mathrm{POS}_B(D)$ 是对象的子集，其大小表明了在给定属性空间中的分类问题的可分离程度，正域越大，表示各等价类的重叠部分越少，即边界越少。为更准确地表达集合的精确性，给出以下定义。

给定一个邻域决策系统 $\langle U, C \cup D, N \rangle$、距离函数 d 及邻域 δ，定义 D 对 B 的依赖度为

$$\gamma_B(D) = \frac{|\mathrm{POS}_B(D)|}{|U|} \tag{7.1.14}$$

其中，$|\cdot|$ 表示集合的基数。显然，由 $\mathrm{POS}_B(D) \subseteq U$ 可知，$0 \leqslant \gamma_B(D) \leqslant 1$ 且 $\mathrm{POS}_B(D)$ 越大，D 对 B 的依赖度越强。

给定邻域决策系统 $\langle U, C \cup D, N \rangle$ 且 $B \subseteq C$，称 B 是一个属性约简，若：

条件一，充分条件：$\gamma_B(D) = \gamma_A(D)$；

条件二，必要条件：$\forall a \in B, \gamma_{B-a}(D) < \gamma_B(D)$。

条件一保证了 $\mathrm{POS}_B(D) = \mathrm{POS}_A(D)$，而条件二则表明约简没有任何的多余属性。因此，约简是属性集合的最小子集，但仍保持原有的全部属性所具有的分辨能力。

针对数据的不同形式，建立两种属性约简模型，分别为：①有决策属性的属性约简（A 模型）；②无决策属性的属性约简（B 模型）。两种模型均为降低数据维度的方法（图 7.1.2）。

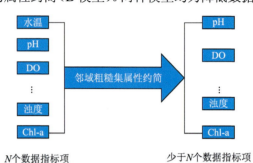

N个数据指标项   少于N个数据指标项

图 7.1.2 邻域粗糙集属性约简的效果示意图

Chl-a 指叶绿素 a

（1）有决策属性的属性约简（A 模型）。

带有水质类别评价（地表水标准评价和生活饮用水标准评价）的数据，通常作为对该水质类别进行评价的神经网络的输入输出。在输入之前可以通过邻域粗糙集模型进行属性约简，降低神经网络的输入维度。在 A 模型中，有两个决策属性 D_1 和 D_2，$VD_1 = \{1, 2\}$，$VD_1 = 1$ 代表地表水标准评价为 I，$VD_1 = 2$ 表示地表水标准评价为 II，$VD_2 = \{1, 2\}$，$VD_2 = 1$ 代表生活饮用水标准评价为√，$VD_2 = 2$ 表示生活饮用水标准评价为×。对于任一决策属性，可使用邻域粗糙集模型进行属性约简，详细算法步骤如表 7.1.3 所示。

表 7.1.3 邻域粗糙集模型下属性约简（A 模型）

输入：$\langle U, A, D \rangle$ 和参数 δ

输出：约简 reduct

步骤 1：$\forall x_i, x_j \in U$，计算欧几里得距离

$$d_2(x_i, x_j) = \left(\sum_{i=1}^{N} \left| f(x_i, a_i) - f(x_j, a_i) \right|^2 \right)^{\frac{1}{2}}$$

步骤 2：计算邻域信息粒子

  For $i = 1 : |U|$

    $\delta(x_i) = \varnothing$

    If $d_2(x_i, x_j) \leqslant \delta$

      $\delta(x_i) = \delta(x_i) \bigcup \{x_j\}$

    End

  End

步骤 3：计算正域

  $\mathrm{POS}_A(D) = \varnothing$

For $i = 1 : |U|$

  If $\delta(x_i) \subseteq D$

$$POS_A(D) = POS_A(D) \bigcup \{x_i\}$$

    End

End

步骤 4：约简

    reduct $= A, a_i \in A$

    For $i = 1:|A|$

      If　$POS_A(D) = POS_{A-a_i}(D)$

      reduct $=$ reduct $- \{a_i\}$

      End

    End

（2）无决策属性的属性约简（B 模型）。

不带决策标签的数据，作为预测下一时刻某个水质指标数据的神经网络的输入。例如，用 t_1 时刻水温、pH、电导率、浊度、DO、NH_3-N、COD_{Mn}、总磷 TP、总氮 TN 和 Chl-a 等水质数据，来预测下一时刻（t_2 时刻）其中某一水质指标（如 DO）的数据值。每一水质指标都有对应的标准值。规定 NH_3-N、TP、Chl-a 为限制性指标。三种限制性指标小于标准值时为正常；超标准值 5%时为红色预警；其间为黄色预警。NH_3-N、TP 对应的标准值为《地表水环境质量标准》（GB 3838—2002）II 类水质。Chl-a 对应的标准值为《地表水资源质量评价技术规程》（SL 395—2007）中的营养标准。DO、COD_{Mn}、TN 可作为其他考察指标。对于这些非限制性指标，如果它们的测量值低于标准值，则认为水质处于正常状态；如果这些指标的测量值超过了标准值的 20%，则发出红色预警信号；介于正常和红色预警之间的情况，则发出黄色预警信号，如表 7.1.4 所示。

表 7.1.4　各水质指标的预警阈值　　　　　　（单位：mg/L）

水质指标	正常	黄色预警	红色预警
NH_3-N 质量浓度	[0, 0.5]	(0.5, 0.525]	(0.525, ∞)
TP 质量浓度	[0, 0.1]	(0.1, 0.105]	(0.105, ∞)
Chl-a 质量浓度	[0, 0.004]	(0.004, 0.004 2]	(0.004 2, ∞)
DO 质量浓度	(6, ∞)	[4.8, 6]	[0, 4.8)
COD_{Mn}	[0, 4]	(4, 4.8]	(4 8, ∞)
TN 质量浓度	[0, 0.5]	(0.5, 0.6]	(0.6, ∞)

那么对于每一项水质指标来说其均对应一个决策属性 D_i，且 $VD_i = \{0, 1, 2\}$，其中，$VD_i = 0$ 表示该水质指标小于标准值，为正常，$VD_i = 1$ 表示黄色预警，$VD_i = 2$ 表示红色预警；将某一个水质指标 i 下一时刻预的警程度看作决策属性，通过邻域粗糙集就可以得到关于该水质指标的一个属性约简 reduct。其具体算法如表 7.1.5 所示。

表 7.1.5　邻域粗糙集模型下属性约简（B 模型）

输入：$\langle U, A \rangle$ 和参数 δ

输出：约简 reduct，$\forall a \in A$

步骤 1：根据水质指标 a 的标准值计算 $f(x_i, a)$（$= 0$、1 或 2），且令 $f(x_i, D) = f(x_{i+1}, a)$

步骤 2：$\forall x_i, x_j \in U - x \vert U \vert$，计算欧几里得距离

$$d_2(x_i, x_j) = \left[\sum_{i=1}^{N} \left| f(x_i, a_i) - f(x_j, a_i) \right|^2 \right]^{\frac{1}{2}}$$

步骤 3：计算邻域信息粒子

 For $i = 1 : \vert U \vert - 1$

  $\delta(x_i) = \varnothing$

  If $d_2(x_i, x_j) \leqslant \delta$

   $\delta(x_i) = \delta(x_i) \bigcup \{x_j\}$

  End

 End

步骤 4：计算正域

 $\text{POS}_A(D) = \varnothing$

 For $i = 1 : \vert U \vert - 1$

  If $\delta(x_i) \subseteq D$

   $\text{POS}_A(D) = \text{POS}_A(D) \bigcup \{x_i\}$

  End

 End

步骤 5：约简

 reduct $= A, a_i \in A$

 For $i = 1 : \vert A \vert - 1$

  If $\text{POS}_A(D) = \text{POS}_{A-a_i}(D)$

   reduct $=$ reduct $- \{a_i\}$

 End

End

3. 基于 LSTM 模型的水质预测

LSTM 属于一种时间递归神经网络，擅长处理与预测时间序列间隔和延迟较长的事件。从水质历史数据中提取内部规律，利用 LSTM 选择性记忆的优势对水质进行预测。

LSTM 是由 Hochreiter 和 Schmidhuber[24]提出的，它是一种特殊的循环神经网络（recurrent neural network，RNN），能够用来学习长期依赖信息。传统神经网络不能处理时间序列的输入问题，而标准的 RNN 在时间维度上不断循环，能够处理时间序列的输入问题，重复模块比较简单。传统的 RNN 很难给定一个初始值使其收敛，只能记住短序列，进行简单的线性求和过程，记忆能力较差。LSTM 能够选择性地遗忘过程中部分不重要的信息，而实现重要信息的关联，可以进行自我衡量然后选择忘记，进而记住更长的序列。

1）LSTM 模型结构

LSTM 具有使得门的信息增加或删除，一直达到理想细胞状态的能力，包括三个门：遗忘门、输入门及输出门，见图 7.1.3，σ 为 Sigmoid 函数 $f(x) = \dfrac{1}{1 + \mathrm{e}^{-x}}$，tanh 函数为

$f(x) = \dfrac{e^x - e^{-x}}{e^x + e^{-x}}$。信息的选择性通过组成包括 Sigmoid 神经网络及点乘操作。Sigmoid 层叫作输入层，可以决定要更新的值，"0"表示不进行更新，"1"表示全部更新。

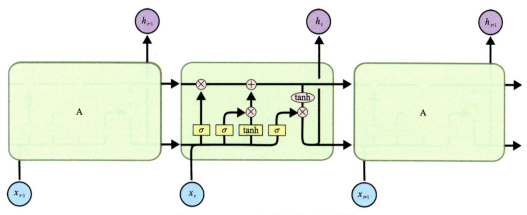

图 7.1.3　LSTM 细胞结构示意图[25]

x_t、h_t 分别为 t 时刻的输入、细胞隐藏状态

（1）遗忘门。遗忘门[25]用于从细胞状态中丢弃不必要的信息。该门会读取 h_{t-1} 和 x_t，输出一个 0 和 1 之间的数值给每个在细胞状态 C_{t-1} 中的数字。1 表示"完全保留"，0 表示"完全舍弃"，见图 7.1.4。

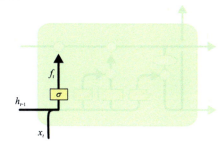

图 7.1.4　LSTM 遗忘门示意图[25]

遗忘门：$f_t = \sigma(W_f \cdot [h_{t-1}, x_t] + b_f)$（式中：$f_t$ 为保留记忆；W_f 为权重；b_f 为偏移量）。

（2）输入门。输入门[25]决定让多少新的信息加入细胞状态中。实现这个需要包括两个步骤：一是 Sigmoid 层决定哪些信息需要更新；二是 tanh 层生成一个向量，也就是备选的用来更新的内容。将这两部分联合起来，对细胞状态进行一个更新，见图 7.1.5。

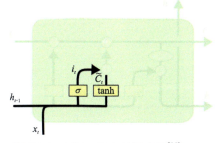

图 7.1.5　LSTM 输入门示意图[25]

输入门：$i_t = \sigma(W_i \cdot [h_{t-1}, x_t] + b_i)$（式中：$i_t$ 为输入的新信息；W_i 为权重；b_i 为偏移量）。

输入细胞状态：$\tilde{C}_t = \tanh(W_C \cdot [h_{t-1}, x_t] + b_C)$（式中：$\tilde{C}_t$ 为细胞状态；W_C 为权重；b_C 为偏移量）。

（3）细胞状态更新。根据前面设定好的目标，丢弃旧信息，添加新信息，见图 7.1.6。

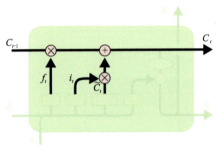

图 7.1.6　LSTM 细胞状态更新示意图[25]

更新细胞状态：$C_t = f_t \times C_{t-1} + i_t \times \tilde{C}_t$。

（4）输出门。最后，确定输出什么值。通过 Sigmoid 层可以判断哪部分将被输出，对细胞状态进行计算，只输出确定的部分，见图 7.1.7。

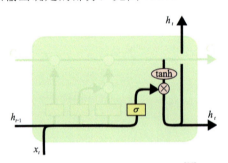

图 7.1.7　LSTM 输出门示意图[25]

输出门：$o_t = \sigma(W_o \cdot [h_{t-1}, x_t] + b_o)$（式中：$o_t$ 为输出信息；W_o 为权重；b_o 为偏移量）。

更新细胞状态：$h_t = o_t \cdot \tanh(C_t)$。

LSTM 通过隐含层使用 BP 算法对历史水质数据进行过滤选择，自动输出水质预报的代表数据，将输出数据与期望输出之差作为目标函数，通过计算目标函数对网络进行更新。

均方误差 MSE 表示实测值与模拟值之间差的平方和进而求平均。

$$\text{MSE} = \frac{\sum\limits_{i=1}^{n}(y_i - y_i')^2}{n} \tag{7.1.15}$$

式中：y_i 为水质实测值；y_i' 为模拟值；n 为水质数据数量。

2）LSTM 模型构建流程

第一步，构建 LSTM 模型，并设置初始结构参数。

第二步，读取历史长序列水质数据，并归一化。

第三步，将归一化数据输入 LSTM 模型，训练模型参数。

第四步，计算并决定最终丢弃的信息。

第五步，计算确定更新的信息。

第六步，通过确定的信息更新细胞状态。

第七步，反向计算每一个细胞状态的 MSE。

第八步，根据对应的 MSE，计算每个权重的梯度。

第九步，更新权重。

第十步，调整模型结构，多次迭代，使模型精度达到预期目标。

第十一步，读取测试数据，完成预报模型的验证。

第十二步，读取实时水质数据，完成未来一段时间的水质预测。

7.1.2　藻类预测预警模型

通过藻类生长指标的回归分析，建立不同指标间的相关性，筛选模型构建指标。构建基于深度学习的时间序列模型和神经网络模型的数据驱动预测预警模型，时间序列预测可以解决非线性问题，神经网络模型具有较强的自组织、自学习和良好的非线性逼近能力。两者结合构建的数据驱动预测预警模型，与水体实际藻类密度监测结果相协调，用于划定模型预警阈值，建立不同等级的预警范围。

1. 相关理论与研究方法

1）背景

绝大部分的水环境都可以看作一定空间内的相对开放系统，不仅时刻进行着复杂的动态循环和交换过程，还会广泛地受到降雨、径流、光照、温度变化、人类活动等因素的共同影响，其环境质量及相关影响因子还往往具有显著的空间异质性和时间演化特征。过去一个多世纪以来，全球各区域的天然水体水利工程中层出不穷的水质恶化问题及其对人类和自然生态系统的负面影响受到密切关注与广泛研究。20 世纪 90 年代至今，在水环境和水体富营养化风险研究领域已有诸多学者的高水平成果被报道。氮、磷等营养元素的输入对水体富营养化形成的关键影响已在各类水体中被深入研究并形成广泛共识，水动力参数对水质因子如 DO、营养盐具有重要的调节作用；此外，气候变化对水环境系统的影响往往存在非一致性特征和时空差异性等。先前的研究对正确理解与识别影响水环境质量的关键要素及其相互作用关系，并进一步开展水环境风险预警与调控、水质评价与保护等研究工作具有重要的参考意义。

2）水环境因子相关关系与风险分析相关理论

对于水环境风险分析与评价等领域的研究，已经有不少学者提出了各种方法和模型，广泛运用于各类水体并被不断改进的方法包括德尔菲法（Delphi method，又称"专家调查法"）、层次分析法等，需依托本领域权威研究学者智慧与经验的定性和定量结合的分析法，蒙特卡罗方法、模糊数学法、区间数学法等考虑不确定性影响的数学理论与方法；此外，耦合了多元统计分析法的各类改进决策树模型、神经网络模型也被用于水环境风险分析与评价的研究中。以上方法均有成功的应用先例和一定的适用性。尽管如此，需要指出的是，因为空间异质性的客观存在，针对不同特定水环境的研究对象的成果也不可避免地存在局限性。因此，在具体工作的参考和应用中，需要谨慎地评估和对比研究对象的特点与差异、先前研究成果的适用范围。

在以上水环境因子相关关系与风险分析中，德尔菲法是一种结构化的信息支持技术，能够充分利用研究领域中专家的先验知识，容易得到可信度较高的结论，但劣势在于流程复杂、成本高昂、对自然人的主观性依赖度高、定量分析计算内容的优势不大。层次分析法是一种经典的定性和定量结合的风险分析方法，可以根据实际的风险问题进行不同等级的量化设计，适用于描述多目标、多层次评价的风险分析问题，在各个领域被广泛应用，但仍然存在对研究者主观经验、知识和计算选择的依赖度较高的问题。与以上方法类似，同样受限于研究者主观经验、知识和判断的风险分析方法包括灰色决策法、模糊综合分析法等。

另一个经典的风险分析方法——蒙特卡罗方法可以用于进行大样本的风险分析，其将具体问题转化为统计模型的随机问题，把风险分析量化为概率问题的计算，但存在的缺点是计算量大、不容易收敛且所得误差是概率误差。结构方程模型（structural equation model，SEM）能具体描述多变量间的因果关系和影响程度，具有计算速度快、模型假设灵活、相互关系清晰等特点，但同样要求研究人员具备一定的先验知识和进行假设判断。综合以上对风险分析方法的讨论可知，没有任何一种风险分析方法是完美并且完全适配所有情况的，某种方法存在的依赖研究者主观选择和知识、经验的特点并非一种完全不可接受的缺点，在实际研究中应该根据现有条件进行具体考量和甄别。

3）SEM 理论与方法

传统的统计分析方法并不能表征因子间的直接因果关系，如针对藻类生长，可以运用复杂的数学物理方程描述其动力学过程，但建模过程具有高度复杂性。此外，当考虑的外界变量较多时，风险分析模型的复杂性也是一个需要审慎评估的问题。SEM 的优势恰好可以用于解决水环境风险分析面临的变量较多、作用关系复杂等问题。SEM 相对于其他风险分析方法和模型的优势在于允许对历史数据进行复杂、多维和精确的分析，同时考虑到所研究的现实和抽象理论结构面的不同，其能够在分析因果关系的基础上研究复杂的问题。SEM 的基本原理可概括为：在建立目标理论假设的基础上，用外因观测变量或潜在变量，估计内因观测变量或潜在变量，以计算和表征不同变量间的因果及影响关系。

具体的 SEM 包括两大变量（即观测变量和潜在变量）和两大模型（即测量模型和结构模型）。其中，观测变量指的是可以直接被观测和测量的变量，如水温、DO，潜在变量指的是无法直接被观测而需要代替表征的变量，如水环境健康状态。不同的观测变量和潜在变量组成存在假设关系的测量模型，再由多个测量模型组成结构模型。

假设一个测量模型中观测变量的关系如图 7.1.8 所示，则观测变量 X 和 Y 的回归关系可以表示为

$$\begin{cases} X_1 = \lambda_{11}\xi_1 + e_{x1} \\ X_2 = \lambda_{21}\xi_1 + e_{x2} \\ X_3 = \lambda_{31}\xi_1 + e_{x3} \end{cases} \qquad (7.1.16)$$

$$\begin{cases} Y_1 = \lambda_{12}\eta_1 + e_{y1} \\ Y_2 = \lambda_{22}\eta_1 + e_{y2} \\ Y_3 = \lambda_{32}\eta_1 + e_{y3} \end{cases} \qquad (7.1.17)$$

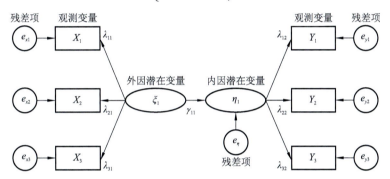

图 7.1.8　测量模型示意图

对应一般的测量模型，以上回归方程可以用矩阵表示为

$$X = \Lambda_x \xi_1 + e_x \qquad (7.1.18)$$

$$Y = \Lambda_y \eta_1 + e_y \qquad (7.1.19)$$

式（7.1.16）～式（7.1.19）中：λ_{11}、λ_{21}、λ_{31} 为外因观测变量与外因潜在变量的路径系数；λ_{12}、λ_{22}、λ_{32} 为内因观测变量与内因潜在变量的路径系数；e_{x1}、e_{x2}、e_{x3} 为外因观测变量 X 的观测误差；e_{y1}、e_{y2}、e_{y3} 为内因观测变量 Y 的观测误差；Λ_x 和 Λ_y 分别为外因或内因观测变量对外因或内因潜在变量的路径系数矩阵，又称因素荷载矩阵；ξ_1 和 η_1 分别为外因潜在变量和内因潜在变量；e_x 和 e_y 分别为外因观测变量 X 和内因观测变量 Y 的观测误差矩阵。

在一个结构模型中，潜在变量间的回归方程可以表示为

$$\eta_1 = \gamma_{11}\xi_1 + e_{\eta_1} \qquad (7.1.20)$$

式中：γ_{11} 为回归系数；e_{η_1} 为由外因潜在变量对内因潜在变量估计的误差项。对于多个潜在变量的 SEM，其回归方程可以表示为

$$\eta = \Gamma \xi + B\eta + e_\eta \qquad (7.1.21)$$

式中：ξ 和 η 分别为外因潜在变量和内因潜在变量集合；Γ 和 B 分别为结构模型中外因潜在变量和不同内因潜在变量对内因潜在变量的路径系数矩阵；e_η 为结构模型中外因潜在变量对内因潜在变量估计的误差项。

一个完整的 SEM 包含以下假设内容：①测量模型和结构模型的误差项均值为 0；②各误差项之间、误差项与因子之间相互独立。为了求出所有内因和外因观测变量组成的样本协方差矩阵，需先对 $\boldsymbol{X}$ 求协方差矩阵，有

$$\mathrm{Cov}(\boldsymbol{X}) = E(\boldsymbol{\Lambda}_x \boldsymbol{\xi} + \boldsymbol{e}_x)(\boldsymbol{\Lambda}_x \boldsymbol{\xi} + \boldsymbol{e}_x)^{\mathrm{T}} = \boldsymbol{\Lambda}_x E(\boldsymbol{\xi}\boldsymbol{\xi}^{\mathrm{T}})\boldsymbol{\Lambda}_x^{\mathrm{T}} + E(\boldsymbol{e}_x \boldsymbol{e}_x^{\mathrm{T}}) \tag{7.1.22}$$

得到其协方差矩阵为

$$\sum_{xx}(\boldsymbol{X}) = \boldsymbol{\Lambda}_x \boldsymbol{\Phi}_\xi \boldsymbol{\Lambda}_x^{\mathrm{T}} + \boldsymbol{\Theta}_{e_x} \tag{7.1.23}$$

式中：$\boldsymbol{\Phi}_\xi$ 和 $\boldsymbol{\Theta}_{e_x}$ 分别为潜在变量 $\boldsymbol{\xi}$ 和误差项 $\boldsymbol{e}_x$ 的协方差矩阵。同理，$\boldsymbol{Y}$ 的协方差矩阵为

$$\sum_{yy}(\boldsymbol{Y}) = \boldsymbol{\Lambda}_y E(\boldsymbol{\eta}\boldsymbol{\eta}^{\mathrm{T}})\boldsymbol{\Lambda}_y^{\mathrm{T}} + \boldsymbol{\Theta}_{e_y} \tag{7.1.24}$$

式中：$E(\boldsymbol{\eta}\boldsymbol{\eta}^{\mathrm{T}}) = \boldsymbol{A}(\boldsymbol{\Gamma}\boldsymbol{\Phi}_\xi \boldsymbol{\Gamma}^{\mathrm{T}} + \boldsymbol{\Psi}_{e_\eta})\boldsymbol{A}^{\mathrm{T}}$，且 $\boldsymbol{A} = (\boldsymbol{I} - \boldsymbol{B})^{-1}$，$\boldsymbol{I}$ 为单位矩阵。

由于 $\boldsymbol{\eta} = (\boldsymbol{I} - \boldsymbol{B})^{-1}(\boldsymbol{\Gamma}\boldsymbol{\xi} + \boldsymbol{\Psi}_{e_\eta})$，所以 $\sum_{yy}(\boldsymbol{Y})$ 又可以表示为

$$\sum_{yy}(\boldsymbol{Y}) = \boldsymbol{\Lambda}_y \boldsymbol{A}(\boldsymbol{\Gamma}\boldsymbol{\Phi}_\xi \boldsymbol{\Gamma}^{\mathrm{T}} + \boldsymbol{\Psi}_{e_\eta})\boldsymbol{A}^{\mathrm{T}}\boldsymbol{\Lambda}_y^{\mathrm{T}} + \boldsymbol{\Theta}_{e_y} \tag{7.1.25}$$

式中：$\boldsymbol{\Psi}_{e_\eta}$ 和 $\boldsymbol{\Theta}_{e_y}$ 分别为误差项 $\boldsymbol{e}_\eta$ 和 $\boldsymbol{e}_y$ 的协方差矩阵。同理，$\boldsymbol{Y}$ 和 $\boldsymbol{X}$ 的协方差矩阵为

$$\sum_{yx}(\boldsymbol{YX}) = \boldsymbol{\Lambda}_y E(\boldsymbol{\eta}\boldsymbol{\xi}^{\mathrm{T}})\boldsymbol{\Lambda}_x^{\mathrm{T}} = \boldsymbol{\Lambda}_y \boldsymbol{\Gamma}\boldsymbol{\Phi}_\xi \boldsymbol{\Lambda}_x^{\mathrm{T}} \tag{7.1.26}$$

最终得到 $(\boldsymbol{Y}^{\mathrm{T}}\boldsymbol{X}^{\mathrm{T}})^{\mathrm{T}}$ 的协方差矩阵为

$$\sum[(\boldsymbol{Y}^{\mathrm{T}}\boldsymbol{X}^{\mathrm{T}})^{\mathrm{T}}] = \begin{pmatrix} \boldsymbol{\Lambda}_y \boldsymbol{A}(\boldsymbol{\Gamma}\boldsymbol{\Phi}_\xi \boldsymbol{\Gamma}^{\mathrm{T}} + \boldsymbol{\Psi}_{e_\eta})\boldsymbol{A}^{\mathrm{T}}\boldsymbol{\Lambda}_y^{\mathrm{T}} + \boldsymbol{\Theta}_{e_y} & \boldsymbol{\Lambda}_y \boldsymbol{A}\boldsymbol{\Gamma}\boldsymbol{\Phi}_\xi \boldsymbol{\Lambda}_x^{\mathrm{T}} \\ \boldsymbol{\Lambda}_x \boldsymbol{\Phi}_\xi \boldsymbol{\Gamma}^{\mathrm{T}}\boldsymbol{A}^{\mathrm{T}}\boldsymbol{\Lambda}_y^{\mathrm{T}} & \boldsymbol{\Lambda}_x \boldsymbol{\Phi}_\xi \boldsymbol{\Lambda}_x^{\mathrm{T}} + \boldsymbol{\Theta}_{e_x} \end{pmatrix} \tag{7.1.27}$$

SEM 无法获得唯一精确解，一般采用极大似然法，通过参数估计，找出最接近于模型样本协方差矩阵的重构矩阵（差异最小），对应揭示不同的路径系数关系。对于一个特定的风险分析 SEM 而言，路径系数表征了不同风险变量间的相互关系，而模型间不同因子相互影响的效果还能够揭示多因子不同层次关系的定量演化规律和特征。构建管网水环境多因子 SEM，研究并讨论不同气候因子、水动力因子、水质因子与水生态因子间的相互作用和影响关系，以此揭示管网水环境风险的形成演化机制并识别关键风险因子。

2. 藻类与水质水动力关系分析及模型构建

1）藻密度与环境因子 SEM 标量估计

水动力-水质-水生态耦合风险演化模型的构建主要完成以下三个方面的研究内容：①基于数据关系的先验信息，设定多因子间的假设关系并建立 SEM 的概念模型；②进行模型多因子间的关系计算，根据估计结果和参数信息调整模型多因子间的多层次结构；③完成模型适配度检验，评估风险演化路径关系与影响效果合理性。

2）水环境风险演化模型假设

SEM 的概念模型包含多因子间复杂关系的基本假设，在先前其他领域的 SEM 研究

中，对于组成可信度较高的同个构面（潜在变量）一般采用皮尔逊相关系数和主成分分析方法，预先进行相同构面内的测量变量验证。

结合水环境多因子风险研究实际，对因子关系的验证方法进行改进，对所有被测量变量进行皮尔逊相关系数（r）计算，由此初步确定与藻密度 AD 变化相关性最高的直接影响因子。结果见表 7.1.6。

表 7.1.6　AD 与多环境因子间的皮尔逊相关系数

指标	水温	pH	TN	浊度	DO	NH$_3$-N	COD$_{Mn}$	TP
皮尔逊相关系数	0.42**	0.37**	−0.57**	0.46**	−0.61**	−0.04	0.16*	0.31**

指标	太阳辐射	蒸发	降雨	露点温度	相对湿度	风速	气压	CO
皮尔逊相关系数	0.39**	0.29**	0.06	0.38**	0.08	0.12	−0.15*	−0.36**

指标	流量	流速	气温	SO$_2$	NO$_2$	O$_3$	PM$_{10}$	PM$_{2.5}$
皮尔逊相关系数	−0.25**	−0.37**	0.36**	−0.44**	−0.16*	0.24**	−0.01	−0.13*

注：*表示 $P<0.05$ 显著性；**表示 $P<0.01$ 显著性。

表 7.1.6 显示，8 个水质指标中除了 NH$_3$-N 和 COD$_{Mn}$ 外，其他指标均直接与 AD 在 $P<0.01$ 显著性水平上存在线性相关关系（$r>0.3$）；各气象因子中除气温外，仅有太阳辐射和露点温度与 AD 的相关性大于 0.3；流速和流量均与 AD 呈现显著的线性相关关系；大气污染因子中，SO$_2$ 和 CO 排放浓度与 AD 呈现显著的负相关关系。结合先前研究，对构建 SEM 的假设如下。

（1）直接影响假设。在模型中，假设直接对浮游藻类生长产生影响的营养因子包括 TN、TP，NH$_3$-N 由于与 AD 的线性相关关系不显著，假设仅存在间接影响；流速对浮游藻类的生长产生直接影响；太阳辐射和水温主要通过影响光合作用与细胞活性对浮游藻类产生直接影响；浊度通过影响水体中沉积营养物质和矿物质的再循环过程而影响浮游藻类的生长；DO 和 pH 直接为浮游藻类的生长提供适宜的理化环境。

（2）间接影响假设。NH$_3$-N 直接影响 TN 的浓度变化从而间接影响浮游藻类的生长；流速的变化同时影响水体中的其他理化指标，如通过影响大气富氧过程影响 DO 的浓度，通过水体的扰动影响浊度的变化进而间接影响浮游藻类的生长；大气污染因子通过复杂的干湿沉降过程影响水体的 pH，进而影响浮游藻类的生长。

根据以上假设内容，可见水动力水质多因子与主要浮游藻类的生长存在着复杂的直接影响和多重间接影响关系，初步假设共有 24 条路径关系，建立耦合风险 SEM 假设概念图，见图 7.1.9。

3）水环境风险演化模型路径关系拟合

将数据代入假设模型进行路径关系计算，首先检验假设关系是否成立，同时得到符合显著性检验条件的多因子路径关系结果。通过适当的模型拟合和调整，最终得到水动力-水质-水生态耦合风险 SEM 各路径标量估计结果。结果见表 7.1.7。

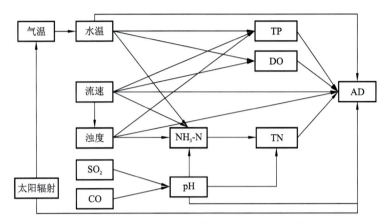

图 7.1.9　水动力-水质-水生态耦合风险 SEM 假设

表 7.1.7　AD 与环境因子 SEM 标量估计

		观察变量	非标准化系数	标准误差	组成信度	标准化回归权重	显著性水平
水温	←	气温	0.67	0.02	32.87	0.91	***
浊度	←	流速	28.90	1.18	24.43	0.85	***
气温	←	太阳辐射	1.33	0.06	21.23	0.81	***
pH	←	SO_2	−0.002	0.000 5	−4.2	−0.27	***
NH_3-N	←	水温	0.000 91	0.000 07	13.04	0.58	***
NH_3-N	←	pH	−0.03	0.005	−5.87	−0.26	***
NH_3-N	←	浊度	−0.000 68	0.000 09	−7.78	−0.35	***
DO	←	水温	−0.19	0.01	−21.16	−0.75	***
DO	←	流速	−3.34	0.39	−8.62	−0.33	***
TN	←	NH_3-N	4.45	0.82	5.42	0.34	***
TN	←	pH	−0.47	0.08	−5.50	−0.34	***
TP	←	水温	0.000 17	0.000 03	6.26	0.33	***
TP	←	流速	−0.01	0.001	−9.13	−0.48	***
AD	←	DO	−0.30	0.03	−10.03	−0.77	***
AD	←	水温	−0.04	0.01	−5.04	−0.38	***
AD	←	流速	−2.22	0.36	−6.16	−0.55	***
AD	←	pH	2.54	0.28	9.01	0.40	***
AD	←	TP	34.54	10.12	3.41	0.18	***
AD	←	浊度	0.04	0.01	4.33	0.35	***
AD	←	TN	−0.80	0.21	−3.78	−0.17	***

注：***代表高度显著 $P<0.01$。

　　表 7.1.7 可以得到 12 个因子间 20 条符合显著性检验的路径关系，共计 4 条假设路径关系被剔除，可见，7.1.2 小节"3）SEM 理论与方法"的概念模型的假设较为合理，

既没有增加新的路径关系，又没有增加新的环境因子。CO 排放浓度无论是对浮游藻类的直接影响，还是间接影响，均未发现显著的路径关系，因此从模型中剔除；浊度没有直接影响 TP 浓度的路径关系，但对 NH_3-N 的影响假设成立；此外，流速没有对 NH_3-N 产生直接影响，但是却可以通过影响浊度而影响 NH_3-N 的变化。太阳辐射对浮游藻类的生长没有直接影响，故直接路径被剔除，但其依然可以通过影响气温间接影响浮游藻类的生长。

4）关键水质和水动力因子及影响途径分析

AD 与环境因子间的 SEM 如图 7.1.10 所示，共有 7 个环境因子对 AD 的改变存在直接影响路径，其中水温、DO 和流速对 AD 为负向的直接影响，而浊度、TP 和 pH 的直接影响则为正向。尽管如此，直接影响并不完全表征环境因子对 AD 的最终总影响效果。图 7.1.10 结果显示，水温最终对 AD 的总影响效果的标准化系数为 0.38，说明水温的上升对于 AD 的增加有显著的促进作用；同样地，最终对 AD 增长存在正向促进作用的还有 pH、浊度和 TP 指标，总影响效果的标准化系数分别为 0.40、0.35 和 0.18。适宜的水温是浮游植物生长重要的外界环境条件，先前的研究均发现了水温对浮游植物生长的正向促进作用，尽管不同水体在各季节优势种不同，存在明显的空间异质性和时变规律，但水温升高会提高浮游藻类细胞活性和代谢速率，因而对浮游藻类生长往往为正向影响。有研究指出，浮游藻类在碱性水环境中更易捕获 CO_2 进行光合作用进而促进其生长，研究结果与先前结果相似。

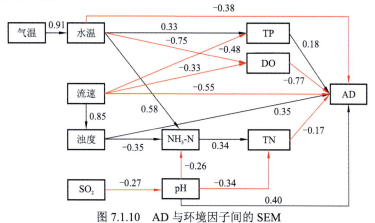

图 7.1.10　AD 与环境因子间的 SEM

与 TP 相比，TN 对 AD 的增加存在抑制作用，其中一个可能原因是该段水体中氮磷比（TN/TP）处于磷的营养限制状态。水体中 TP 浓度的变化是限制浮游植物生长的重要营养条件，在磷限制状态下，小幅度的 TP 浓度增加可能促进浮游植物的大量增长；与其相反的是，TN 的增加会导致水体中氮磷比的增大，使水体进一步处于磷限制状态，抑制浮游植物增长。在对比总影响效果的非标准化系数时，该结果更为直观。表 7.1.8 显示，TP 对 AD 增加的总影响效果为 34.54，即 TP 浓度每上升一个单位，AD 可增加 34.54 个单位，该结果进一步说明了水体处于磷限制状态，并会显著影响浮游藻类增长的营养调节机制。在此状态下，必须严格关注水体中磷的营养负荷水平，因为较低水平的磷输入可能带来较高的浮游藻类异常增殖风险。

表 7.1.8 SEM 多环境因子间的非标准化系数

指标	SO_2	流速	气温	浊度	pH	水温	NH_3-N	TN	TP	DO
浊度	0	28.90	0	0	0	0	0	0	0	0
pH	−0.002	0	0	0	0	0	0	0	0	0
水温	0	0	0.67	0	0	0	0	0	0	0
NH_3-N	0.000 5	−0.02	0.000 6	−0.000 68	−0.03	0.000 91	0	0	0	0
TN	0.001	−0.09	0.002 7	−0.003	−0.47	0.004	4.45	0	0	0
TP	0	−0.01	0.000 1	0	0	0.000 17	0	0	0	0
DO	0	−3.34	−0.125	0	0	−0.19	0	0	0	0
AD	−0.006	−2.22	0.015	0.04	2.54	−0.04	−3.56	−0.80	34.54	−0.30

浊度的上升受到流速的正向直接影响，标准化系数达到 0.85，非标准化系数达到 28.90，说明该段内随着流速的提高，水体扰动增加，进而促进浊度上升的现象非常显著。尽管如此，长期保持较高流速和总体较好的水质状态下，浊度的总体水平远低于一般的天然河流，因此浊度的上升并没有干扰浮游植物的光合作用，还可能使水体中的矿物质或微生物在水流扰动下被浮游植物生长正向利用，表现为在该 SEM 中，浊度对 AD 的增长有正向的总影响，标准化系数达到 0.35。

DO 是另一个对 AD 增长有负向直接影响的指标，总影响效果的标准化系数为−0.77，非标准化系数为−0.30，说明 DO 浓度的上升会抑制 AD 的增长，主要原因可能是该段水体浮游植物优势种的更替，多以容易受高浓度 DO 抑制的蓝藻和绿藻为优势种。

此外，流速对浮游植物的生长有抑制作用，标准化系数为−0.55，非标准化系数为−2.22，这可能是因为高速水流冲击对浮游植物细胞结构产生了破坏性的扰动，进而抑制了浮游藻类的生长，该结果与先前研究结果相似，也说明了通过流速调节可以达到控制浮游藻类生长的生态防控效果。

影响水质最为直接的气象因子是气温，其对水温有直接的正向影响效果，标准化系数达到 0.91，非标准化系数为 0.67。通过气温来判断水温，推断可能对浮游藻类生长和其他水质指标的影响。

3. 藻类生长的影响机制及主控因子

浮游藻类的生长受到许多因素的影响，如营养盐、水温、光照、pH、氮、磷和 DO 等，而氮和磷是影响浮游藻类生长的重要营养源，分别被认为是海水和淡水水体中的关键限制性营养元素。造成淡水河流、湖泊、水库磷限制状态的主要原因是这些系统通常由大流域支撑，相对于磷而言，这些流域更容易积累和调动大量的可供生物利用的氮。此外，生物可利用的氮（如 $NH_3\text{-}N$）可通过微生物固氮方式内源提供，而无机和有机形式的氮通常比磷更易溶，因此比磷更易利用。这些因素导致磷最终成为淡水系统中限制营养的事实。在谈论河口和沿海水域时，需要注意的是，氮和磷的转移与转化周期截然不同，氮循环除了溶解在水中的氮和颗粒形式的氮外，还包含多种多样的气态形式，而磷循环则以非气态溶解和颗粒形式为主，这意味着微生物通过硝化、反硝化等作用将溶解态氮转化为气态产物（如 N_2O、N_2），其净效应是生态系统氮素以气体形式向大气流失，而磷以溶解或颗粒形式保留在系统中。如果没有人的影响，这种失衡将导致磷相对于氮积累的增加，从而导致氮的限制。

综上，水温对 AD 有正向促进作用，这是因为水温升高会提高藻类细胞活性和代谢速率，有利于藻类的生长和繁殖。DO 浓度的上升抑制了 AD 的增长，主要原因可能是该段水体浮游植物优势种的更替，多以容易受高浓度 DO 抑制的蓝藻和绿藻为优势种。TP 作为营养元素对 AD 的增长有促进作用。$NH_3\text{-}N$ 能直接被植物吸收转化并参与细胞组分的构成，因此 $NH_3\text{-}N$ 的增加促进了 AD 的增长。浊度表现出对 AD 增长的促进作用，因为浊度水平远低于一般的天然河流，不会干扰浮游藻类的光合作用，此外水体中的矿物质或微生物在水流的扰动下被浮游藻类生长正向利用。pH 的增加有利于浮游藻类的生长，因为浮游藻类在碱性水环境更易捕获 CO_2 进行光合作用进而促进其生长。

7.2　视频图像智能识别模型

图像智能识别，作为人工智能领域的重要研究方向，旨在通过分析图像特征自动识别标识对象、场景或情境，涵盖图像分类等方面。其发展历经多个阶段：初期的初步研究和传统算法阶段，主要依靠人工设计特征提取和匹配方法，如霍夫变换、边缘检测等，但对于复杂任务效果欠佳；模式识别和人工智能阶段，基于神经网络、决策树等机器学习方法，虽可自动学习特征，但处理大规模高维数据能力有限；特征提取和机器学习阶段，凭借主成分分析、线性判别分析、支持向量机等方法，在大规模高维数据处理上效果有所提升；支持向量机和深度学习阶段，借助卷积神经网络（convolutional neural networks，CNN）等深度学习方法，如 AlexNet、视觉几何组（visual gemetry group，VGG）、残差网络（residual network，ResNet）等，在该类数据处理上效果卓越。目前，图像识别技术在自动驾驶、医疗诊断等多领域广泛应用，在水利工程和水环境保护行业，主要用于排污口、漂浮物、水尺数据、水体水华识别等。下面主要针对 CNN 图像识别模型的原理、建模流程、应用场景等进行阐述。

7.2.1　模型原理

深度学习模型是一种通过模拟人类大脑的神经网络，利用多层神经元来提取特征并进行分类的模型。CNN 图像识别模型通过训练大量数据来进行图像识别，是图像识别中最常用的深度学习模型之一，模型利用卷积层、池化层和全连接层等组件来提取图像中的特征，并进行分类和识别，在图像识别、目标检测、图像生成和许多其他领域取得了显著的进展。CNN 图像识别模型的主要优势在于它能够捕捉到图像中的局部结构和空间关系，而这也是它能够在水利水生态环境中广泛应用的重要原因之一。

CNN 图像识别模型包括卷积层、激活函数、池化层、全连接层、损失函数等。

卷积层：卷积层通过卷积操作提取输入特征图的局部特征。卷积操作可视为滤波器在输入特征图上滑动，每次滑动计算滤波器和输入特征图局部区域的内积，得到输出特征图。这一过程有效地保留了输入特征图的空间结构信息，并通过训练学习到有用的特征表示。

激活函数：在卷积计算之后，一般利用非线性激活函数对卷积结果进行激活，以引入非线性计算，增强 CNN 图像识别模型的表达能力。常见的激活函数包括 ReLU、Sigmoid 和 tanh 等。

池化层：池化层的主要功能是降低特征图的空间尺寸，减少参数数量和计算复杂度，常见的池化操作有最大池化和平均池化，它们在保留特征信息的同时，提高了模型的鲁棒性和抗干扰能力。

全连接层：全连接层位于 CNN 图像识别模型的末端，负责对提取到的特征信息进行最终的分类或回归任务。全连接层将卷积层和池化层提取到的特征图展平为一维向量，并通过一系列全连接操作得到最终输出。

损失函数和优化算法：在 CNN 图像识别模型训练过程中，需要定义一个损失函数来衡量模型的预测结果与实际标签之间的差距。通过优化算法（如梯度下降、随机梯度下降、Adam 等）不断更新模型参数，使得损失函数值最小化，从而提高模型的预测性能。

局部感知和参数共享：在传统的神经网络中，每个神经元与输入层的每个像素相连，导致权重数量巨大。CNN 图像识别模型通过卷积层实现了局部感知，即每个神经元只与输入的一部分像素相连，同时通过参数共享（卷积核的大小固定），极大地减少了权重的数量。

卷积和池化过程：卷积过程可以让卷积核在二维样本上按步长滑动，与对应位置的数据相乘并求和，形成新矩阵。池化过程则是下采样，聚合统计局部区域中的不同位置特征，降低数据维度，保证特征的平移、旋转不变性。

CNN 图像识别模型通过模拟人脑神经元，利用卷积、池化、全连接计算获取特征图待识别目标的权重文件后，对待识别图像进行预处理（缩放、归一化、裁剪等）、特征提取、特征映射、全连接分类等处理。根据全连接层的输出，可以得到每个类别的得分或概率。通常，模型会选择得分最高或概率最大的类别作为最终的识别结果。

7.2.2　模型构建流程

1. 数据集采集

数据集采集是 CNN 图像识别模型训练的一个至关重要的步骤，数据质量决定模型训练结果的好坏。在数据集采集前，首先需确定目标和任务，明确 CNN 图像识别模型要解决的问题和要达到的目标，如图像分类、目标检测、图像分割等任务。

根据确定的任务和目标，确定要从哪里获取数据。数据源可以是公开的数据集〔如 ImageNet 数据、加拿大高等研究院（Canadian Institute for Advanced Research，CIFAR）数据、美国国家标准与技术研究所数据库（Modified National Institute of Standards and Technology，MNIST）数据等〕、自己收集的数据（如通过拍照、扫描、录像等方式获取），也可以是从网站上下载的图像，或者从其他来源购买或获取的数据。

2. 数据处理

数据处理主要包括以下几个环节。

（1）在收集到数据后，通常需要进行一些预处理操作，以便更好地适应 CNN 图像识别模型的输入要求，包括但不限于图像缩放、归一化、去噪、数据增强（如旋转、翻转、裁剪等）等操作，质量较差的图像应予以剔除。

（2）在 CNN 图像识别模型训练之前，目标检测模型需要对数据进行标注，通过人工识别每张图像中的多个目标物，按序为图像中的特定对象绘制边界框等，获取图像中目标物类别标识、目标物坐标及目标物大小等数据，用于模型训练。

（3）将预处理和标注后的数据集划分为训练集、验证集和测试集。训练集用于训练模型，验证集用于调整超参数和监控训练过程，测试集用于评估模型的性能，一般模型训练集、验证集和测试集的划分比例为 8∶1∶1。

通过以上步骤，将收集到的图像，通过人工方式进行标注分类，获取模型训练所需的数据集。

3. 模型训练

根据任务需求和数据集的特点，选择合适的 CNN 架构〔如 YOLO（You Only Look Once）模型〕，定义模型的层次结构（包括卷积层、池化层、全连接层等），初始化模型的权重和偏置，设置学习率、批次大小、迭代次数等超参数。使用循环进行多次迭代训练，每次迭代包括前向传播、计算损失、BP 和更新权重等步骤。在每个迭代过程结束后，使用验证集评估模型的性能，并保存最佳模型权重文件，作为模型训练结果。

4. 模型部署

模型部署指将训练好的模型部署到实际应用场景中，完成图像分类或目标检测等任务，并定期对模型进行更新和维护，以适应新的数据和需求。按模型部署环境，一般包括 Windows、Linux 和 MacOS 等系统环境。下面以 Windows 系统为环境，分别以 Flask 框架和 YOLO V5 目标检测模型为例阐述模型部署过程。

1）配置环境

Flask 框架和 YOLO V5 目标检测模型的设计语言均为 Python，为正常运行网站框架和目标检测模型，首先需要安装 Python 语言环境。可安装官方版 Python、Anaconda 或 Miniconda 来配置 Python 语言环境。其中，Anaconda 是一个开源的 Python 发行版本，其包含了 conda、Python 等多个科学包及其依赖项，安装包较大。conda 是一个开源的包、环境管理器，可以用于在同一个机器上安装不同版本的软件包及其依赖包，并能够在不同的环境之间切换。Miniconda 是一款小巧的 Python 环境管理工具，安装包较小，其安装程序中也包含 conda 软件包管理器和 Python，安装了 Miniconda，就可以使用 conda 命令安装任何其他软件工具包并创建环境等。

Anaconda 和 Miniconda 最显著的区别在于它们所包含的包的数量。Anaconda 预安装了大量科学计算和数据分析所需的库，使得用户可以立即开始工作。而 Miniconda 只包含了 Python 和 conda，它的轻量级特性使得它在需要快速部署 Python 环境，如在磁盘空间有限或需要定制特定环境的情况下具有优势。在此，建议安装 Miniconda，这样可以按需安装所需的库，避免了不必要的存储占用。

利用 conda 包管理工具或 virtualenv 工具构建 Python 虚拟环境。虚拟环境可以创建一个独立的 Python 环境，不受系统全局 Python 环境的影响，每个项目可以有自己独立的依赖库，可以通过虚拟环境来管理 Python 的版本，可以在不同的项目中使用不同版本的 Python。虚拟环境可以保持项目环境的纯净和隔离，不会出现各个项目之间的冲突。可以将虚拟环境打包并移植到其他机器上运行，方便项目的部署和共享。

以 conda 为例，安装 Miniconda 后，可以在命令提示符界面输入"conda create -n yourname python==3.8"语句创建版本为 Python3.8 的名字为 yourname 的虚拟环境，开发人员可以将需要的包装在该环境内，与其他环境独立分隔开来，当需要项目部署时，可以移植该环境至目标机，也可以将该环境库通过"pip freeze> requirement.txt"导出至文本文件，在目标机内通过"pip install -r requirement.txt"安装环境。

2）项目部署

配置好环境后，将项目打包移植至目标机，调试并确保能正常运行后，利用 uWSGI 和 ngnix，或者批处理文件启动项目（如 python.exe./detect.py），ngnix 配合设置开机启动服务，完成项目部署。

7.2.3 应用场景

1. 排污口排水场景识别

排污口排水场景识别监测利用机器视觉深度学习算法，通过接入安装在排污口附近的监控摄像头数据，实现对排污口实时排水场景的监控和识别，如排污口是否排污、排水颜色是否正常等。常用的图像识别深度学习算法有目标检测算法、迁移学习、残差网络等，摄像头捕捉到的画面经过深度学习算法处理后，能够迅速识别出排污口是否排水、排水的颜色是否异常等信息。一旦检测到异常排放，如禁止排水期间排水、排水颜色异常等，系统会立即触发抓拍告警，并将相关图像和数据同步存档，识别效果见图 7.2.1。此外，通过长期的数据积累和分析，深度学习算法还能够深入掌握污染物质的入河情况，为政府部门制订更加精准的污染防治措施提供有力支持。

图 7.2.1　排污口排水场景识别效果

2. 垃圾识别

深度学习模型在垃圾分类和识别领域有着广泛的应用。通过收集大量垃圾图像，利用图像处理软件事先标注不同类垃圾的位置信息，结合开发的目标检测模型学习大量标注好的垃圾图像数据并训练模型，然后利用该模型对新的垃圾图像进行分类，识别效果见图 7.2.2。

图 7.2.2　垃圾识别效果

CNN 图像识别模型能够有效地提取图像的特征，通过堆叠多个卷积层和池化层来逐渐减小特征图的尺寸，并运用全连接层对特征进行分类。这种方法可以准确地将垃圾分为可回收物、厨余垃圾、有害垃圾和其他垃圾等类别。

参 考 文 献

[1] PAWLAK Z. Rough sets[J]. International journal of computer & information sciences, 1982, 11: 341-356.

[2] LIN T Y. Neighborhood systems and approximation in relational databases and knowledge bases[C]//Proceedings of the 4th International Symposium on Methodologies of Intelligent Systems.

Amsterdam: North-Holland Publishing Company, 1988: 75-86.

[3] YAO Y Y. Granular computing: Basic issues and possible solutions[C]//Proceedings of the Fifth Joint Conference on Information Sciences. Atlantic City: [s.n.], 2000: 186-189.

[4] WU W Z, ZHANG W X. Neighborhood operator systems and approximations[J]. Information sciences, 2002, 144(1/2/3/4): 201-217.

[5] 胡清华, 于达仁, 谢宗霞. 基于邻域粒化和粗糙逼近的数值属性约简[J]. 软件学报, 2008, 19(3): 640-649.

[6] MA L W. On some types of neighborhood-related covering rough sets[J]. International journal of approximate reasoning, 2012, 53(6): 901-911.

[7] MCCULLOCH W S, PITTS W. A logical calculus of the ideas immanent in nervous activity[J]. The bulletin of mathematical biophysics, 1943, 5(4): 115-133.

[8] HEBB D O. The organization of behavior: A neuropsychological theory[M]. New York: Psychology Press, 2005.

[9] ROSENBLATT F. The perceptron: A probabilistic model for information storage and organization in the brain[J]. Psychological review, 1958, 65(6): 386-408.

[10] RUMELHART D E, HINTON G E, WILLIAMS R J. Learning representations by back-propagating errors[J]. Nature, 1986, 323: 533-536.

[11] HINTON G E, OSINDERO S, TEH Y W. A fast learning algorithm for deep belief nets[J]. Neural computation, 2006, 18(7): 1527-1554.

[12] BENGIO Y, LAMBLIN P, POPOVICI D, et al. Greedy layer-wise training of deep networks[M]// SCHÖLKOPF B, PLATT J, HOFMANN T. Advances in neural information processing systems 19: Proceedings of the 2006 conference. Cambridge: MIT Press, 2007: 153-160.

[13] RANZATO M, BOUREAU Y L, LECUN Y. Sparse feature learning for deep belief networks[C]// Proceedings of the 21st International Conference on Neural Information Processing Systems. New York: Curran Associates Inc., 2008: 1185-1192.

[14] HINTON G E, SRIVASTAVA N, KRIZHEVSKY A, et al. Improving neural networks by preventing co-adaptation of feature detectors[J]. Computer science, 2012, 3(4): 212-223.

[15] ZHANG Y Q, FRASER M D, GAGLIANO R A, et al. Granular neural networks for numerical-linguistic data fusion and knowledge discovery[J]. IEEE transactions on neural networks, 2000, 11(3): 658-667.

[16] SYEDA M, ZHANG Y Q, PAN Y. Parallel granular neural networks for fast credit card fraud detection[C]//2002 IEEE International Conference on Fuzzy Systems. New York: IEEE, 2002: 572-577.

[17] VASILAKOS A, STATHAKIS D. Granular neural networks for land use classification[J]. Soft computing, 2005, 9(5): 332-340.

[18] ZHANG Y Q, JIN B, TANG Y C. Genetic granular neural networks[C]//Advances in Neural Networks-ISNN 2007. Berlin: Springer, 2007: 510-515.

[19] MARČEK M, MARČEK D. Approximation and prediction of wages based on granular neural network[C]//Rough sets and knowledge technology. Berlin: Springer, 2008: 556-563.

[20] LUI Y M. A least squares regression framework on manifolds and its application to gesture recognition[C]// 2012 IEEE Computer Society Conference on Computer Vision and Pattern Recognition Workshops. New York: IEEE, 2012: 13-18.

[21] PALANI S, LIONG S Y, TKALICH P, et al. Development of a neural network model for dissolved oxygen in seawater[J]. Indian journal of geo-marine sciences, 2009, 38(2): 151-159.

[22] PELEATO N M, LEGGE R L, ANDREWS R C. Neural networks for dimensionality reduction of fluorescence spectra and prediction of drinking water disinfection by-products[J]. Water research, 2018, 136: 84-94.

[23] GARCÍA-ALBA J, BÁRCENA J F, UGARTEBURU C, et al. Artificial neural networks as emulators of process-based models to analyse bathing water quality in estuaries[J]. Water research, 2019, 150: 283-295.

[24] HOCHREITER S, SCHMIDHUBER J. Long short-term memory[J]. Neural computation, 1997, 9(8): 1735-1780.

[25] OLAH C. Understanding LSTM networks[EB]. (2015-08-27)[2024-10-20].

第 **8** 章

知 识 库

8.1　水质预警规则库

8.1.1　监测告警规则

监测告警数据主要来源于人工监测、自动监测、遥感反演等监测数据，根据《地表水环境质量标准》（GB 3838—2002），首先判定监测断面或监测站数据的水质类别，结合所在水域的水质目标判断水质监测告警级别。

一般地表水告警分为三个级别，实行红橙黄三级告警，一级告警为红色，表示最高等级；二级告警为橙色，表示次高等级；三级告警为黄色，表示最低等级。系统每次接入最新的水质数据就会启动告警规则程序进行检测，一旦某水质指标超过了风险目标阈值类别，就会在水质告警业务中进行报警提醒，报警信息自动推送至告警中心及管理人员。

8.1.2　预测预警规则

预测预警数据主要来源于水质机理模型、智能预测模型等的计算结果。预测预警基于模型预测的当前或未来一段时间内的水质数据，利用《地表水环境质量标准》（GB 3838—2002），判定全部数据点位的水质类别，结合水质目标和告警级别规则，确定所有点位的告警级别。确定所有点位的预测预警级别后，利用融合算法，圈出预警区域，实行与监测告警规则相同的三级预警，在此不再赘述。

8.2　水质预演历史场景库

历史场景复演库是数字孪生知识库的一个重要组成部分，主要存储和记录历史上发生过的水利相关事件、场景和案例，包括水质突发污染事件、汛期蓄水、工程运行、管理决策过程，包括事件场景特征、处置过程及效果、处置经验等内容，支撑相似场景的快速查找匹配，支撑预演预案模拟对比。典型历史场景数据经过整理、分类、标注，可为将来可能发生的类似场景提供决策参考，并为历史事件及未来可能发生的事件的推演提供历史场景事件数据，为水利管理提供经验和参考。历史场景复演库的具体场景包括：①突发水污染事件场景，包括突发水污染发生时间与历时、影响范围、处理措施等；②自定义事件场景，包括典型降雨、上游来水、上游污染物浓度过程、水库运行水位、面源污染治理工程实施等不同组合场景等。

历史场景复演库可以帮助水利管理部门更好地了解历史上水利事件的发展规律和特点，用于制订更加科学、合理的管理策略和应急预案。其次，通过模拟和复演历史场景，可以评估当前水利工程的运行状态和管理效果，及时发现和解决问题。此外，历史场景复演库还可以用于水利科研和教学领域，为相关领域的专家、学者和学生提供研究与实践的平台。

8.3　水质预案知识库

水质预案库一般包括业务管理方案和水质预案规则。业务管理方案基于湖库特点、水质管理目标、工程体系运行、业务管理流程等，制订管理指挥、应急监测、应急处置等预案，为不同类型的水质问题或灾害制定处置方案或建议，以便于在需要时能够迅速响应并采取适当的行动。例如，突发水污染应急监测方案、水库库湾藻类异常应急监测工作方案、汛期蓄水水质保障方案等，具体包括方案目的、编制依据、组织机构、预案实施步骤、质量控制、保障措施、安全措施及成果编制等内容。

水质预案规则一般包括水质应急监测规则、水质应急处置规则。通过制订应急监测规则，根据发生的水质污染事件，结合事件的演算成果及内置的应急监测算法规则，自动生成推荐的加密监测方案，包括监测点位置、频次、监测指标等信息。同时，用户也可以根据需要，定制内置的算法规则，改变应急监测方案生成方式，如图 8.3.1 所示。针对自动生成的应急监测方案，用户可更改监测点位、频次、指标等信息。针对突发性的

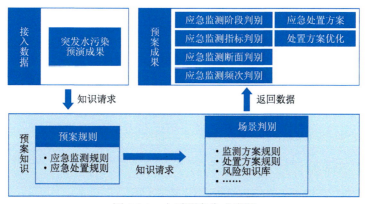

图 8.3.1　水质预案生成流程

水污染事件，制订应急处置规则，设置投放絮凝剂（聚合硫酸铁、三元锂、磷酸铁锂等）和应急调度（控制来流、控制出流）等应急处置措施，通过设置投放药剂时长、投放量、来流出流水量等，预演不同组合工况下污染物的处置效果，分析确定应急处置的最优方案。

8.4 知识管理平台

8.4.1 知识管理方式

知识管理实现对各类知识的全周期管理。将知识管理的全生命周期划分为注册、上传、发布、更新、调用、下架六种状态，如图 8.4.1 所示。注册状态在知识库中新建一条记录，明确知识编码、知识名称、初始版本号、注册时间和知识描述等内容。上传状态则为知识库中该知识记录上传核心成果，可支持多种知识源（文本、Json、关系型数据库、图数据库等）。发布状态则自动为该知识做微服务封装，并通过 Tomcat、Docker 容器等形式部署发布，以统一接口服务方式对内提供调用或对外提供共享。若本项知识在使用过程中有新知识内容产生，可对其进行更新，补充上传或修改上传新知识并叠加版本号。调用阶段则根据业务需求通过超文本传输协议（hyper text transfer protocol，HTTP）或超文本传输安全协议（hyper text transfer protocol secure，HTTPS）请求为知识驱动模型提供其所需的知识项。若某项知识随着数字孪生建设进程的推进迎来巨大需求变更或新知识代替，可考虑下架本知识，通过统计知识调用次数和被调用期间的性能指标、关键调用场景回顾等方式进行知识总结，为后续相关知识的建设积累经验，最终将该知识标记为弃用状态。在知识管理功能模块中，平台提供将以关系型数据库、Json 及 Excel 表格形式存储的水利知识转化成图数据库存储的功能。多年积累的大量水利知识是以关系型数据库形式存储并共享的。该转换功能允许用户从结构化数据中获取知识。

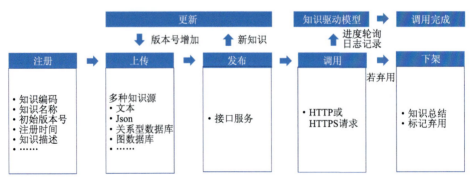

图 8.4.1 知识管理

8.4.2 平台管理

知识管理平台提供对各类水利知识的全周期管理，为了提高对水利知识抽取的准确性，以及对可驱动的水利业务场景种类的扩展，数字孪生知识平台提供平台管理功能。其主要为知识抽取模型和业务流程模板提供全周期的管理。

1. 面向知识抽取模型的管理

对于知识抽取模型，为一类新水利知识训练定制好相应的知识抽取模型后，按照知识管理的方式进行注册、上传、发布。当增加该类知识的标注样本量，修改知识抽取所使用的语义结构等情况发生时，该类知识所对应的抽取模型将被重新训练生成，此时，需要在知识平台中对该类知识的抽取模型进行更新。当用户上传一份与水质规则库或业务规则库相关的纯文本文件时，平台会调用相应的知识抽取模型对该类水利知识进行抽取。若某项知识随着数字孪生建设进程的推进迎来巨大需求变更或新知识代替，可考虑下架相关知识抽取模型。

2. 面向业务流程模板的管理

业务流程模板是水利知识驱动水利业务过程中至关重要的部分，知识平台按照业务流程中每一步骤所需提供的相应知识信息，辅助该水利业务的顺利实施。对水利业务流程模板的管理也实行注册、上传、发布、更新、调用、下架六个状态的全周期管理。

8.4.3 业务场景驱动

知识自适应支撑业务场景，首先定义水质安全业务场景的模板库，然后将业务规则库等各类知识库映射到其所支撑的业务场景上。在驱动业务场景时，根据业务需求配置相应的知识驱动模型，由知识驱动模型向知识平台发出所需知识的请求，知识平台从映射表与知识库中返回知识驱动模型计算所需的知识输入，通过辅助模型计算来驱动业务场景（图 8.4.2）。

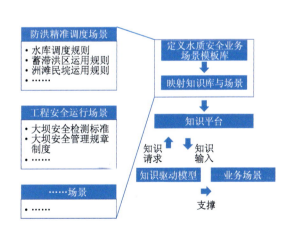

图 8.4.2　业务场景驱动

第**9**章

业 务 应 用

9.1 水质监测分析

9.1.1 功能描述

在流域数字底板、工程区倾斜摄影、遥感影像建设的基础上，构建水质安全专题场景，集成水质监测信息及成果，实现营养物、重金属、有机物等典型监测成果和典型污染源（风险源）的可视化表达，以及水质监测站点信息与监测数据的交互、安全告警信息提醒等。

水质监测分析展示的数据主要包括基础信息（工程基本信息、湖库水质特性信息、监测站点信息）、基础空间数据、监测断面（站）空间和信息数据、排水口空间数据、污染源空间数据。通过实时水质监测数据及水质告警数据的管理，实现水质安全基础信息数据格式转换、导入导出、展示更新、水质巡查等功能，提供实时、直观、准确的查询统计结果和空间分布展示，并结合相关水质评价标准，实现水质异常信息提醒等功能。

9.1.2 功能划分

水质监测分析的主要功能如下。

（1）监测分析展示。充分利用现有和拟建的水文水质监测站网的监测数据，结合水质评价模型，提供湖库及主要入库支流水质、水量监测数据与水质类别的实时在线分析和综合展示功能。

（2）监测设备管理。针对水质监测设备，具备仪器设备管理（设备基本信息、清单、运行状态等）、数据管理（数据审核、上传等）等功能。

（3）水质巡查。开发手机移动端 App 和桌面端水质巡查界面，用于人工采样管理，实现采样环境记录（或拍照）、位置记录、路径查看、采样数据记录、环境描述等功能。

（4）多源数据共享。共享国控断面、地方水生态监测数据等。

9.1.3　业务流程

水质监测分析通过接入多源异构数据，按照数据处理规则，实现人工监测数据、自动监测数据及其他形式数据的标准化，构建水质安全数据管理中心，为数据查询、展示等奠定基础。针对入库后的监测数据，结合国家相关标准、评价准则及水环境评价模型等，以图或表的形式实现数据的分类、统计、分析、展示等，具体流程包括数据收集、预处理、入库，数据查询、上传、下载，数据统计、分析、展示等。

9.1.4　功能设计

1. 监测分析展示

水质安全数据包括湖库基础数据（湖库水系信息、流域信息、气象信息等）、水文信息（流量、流速、水位）、湖库水质（常规 24 项指标、109 项指标、底泥、生物毒性等）、藻类数据（藻类巡查信息及监测数据等）。

监测分析展示板块的主要功能是对水质安全数据进行水质分析评价、水质超标告警、数据加工展示、水质巡查等。

水质监测分析主要实现水质评价、水质超标告警、水质统计分析等，以满足湖库水质信息分析和展示需求，可视化界面如图 9.1.1 所示。

图 9.1.1　水质监测分析界面

（1）水质评价。依据《地表水环境质量标准》（GB 3838—2002）等有关规范，采用水质评价模型，根据监测数据和水质特征值评价湖库的水质级别、入库污染负荷、富营养化状态、水质综合污染指数等，生成水质评价数据。

（2）水质超标告警。根据水质监测断面水质目标，对比单因子评价水质级别，确定断面水质是否超标，针对超标断面以醒目颜色标示出水质目标和当前水质级别，进行水质超标告警。

（3）水质统计分析。基于水质监测数据，进行水质统计分析，包括重点断面当日、当月、当年水质类别同比、环比分析，重点断面当日和当月水质类别占比、超标断面占比、超标指标等的分析，湖库重点断面单站趋势线分析、多站对比分析、单因子评价、综合因子评价，水质月报统计生成等。

2. 监测设备

设计水质监测设备管理业务流程，其拥有多种预警方式，具备自动告警和记录查询功能。

（1）系统报警功能单元：针对仪器离线、仪器运行故障、异常数据（超标、超量程、数据缺失等）等异常报警，制订异常报警推送规则。

（2）报警信息配置与推送功能单元：根据异常报警推送规则，对报警信息内容、人员、组织结构、联系方式等信息进行配置，系统通过分析将异常报警信息推送到对应人员。

（3）报警记录功能单元：通过列表的形式展示仪器运行故障报警和数据监测异常报警信息，同时提供相关审核及说明文件上传功能。

3. 水质巡检

水质巡检包括水质例行巡检和水质应急监测巡检。水质例行巡检是指在一定时间段内分批次定期开展湖库重点断面水质巡检任务，水质例行巡检一般持续时间较长，巡检间隔时间也较长。水质应急监测巡检主要是指为应对突发水污染事件不定期设定巡检任务，水质应急监测巡检频次视水质管理需要而定，在突发事件持续期开展高频次的应急监测、采样、调研等。

水质巡检内容包括水体颜色、水面漂浮物（垃圾）、入湖库污染、巡查地点环境、湖库岸垃圾、人类活动等，并针对巡检地点利用便携式水质检测设备进行检测，或者采集水样进行室内检验等。针对巡检情况，利用手机巡检 App 进行拍照、数据上传等以形成记录。数字孪生系统与手机巡检 App 具备数据互通能力，管理人员通过数字孪生系统业务端可以实时查看巡检人员的运动轨迹、上传的数据和图片，如图 9.1.2～图 9.1.5 所示。

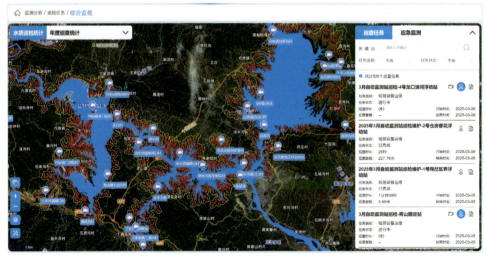

图 9.1.2　水质例行巡检信息查看界面

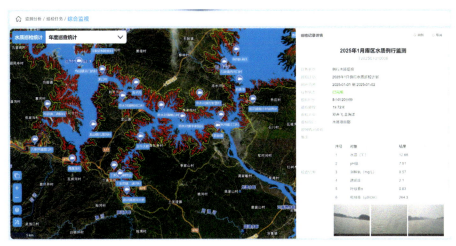

图 9.1.3 水质例行巡检断面详情界面

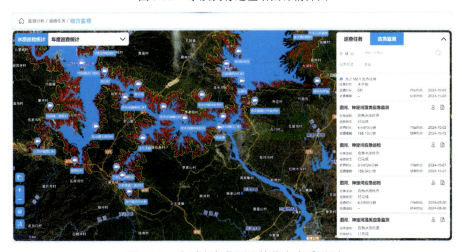

图 9.1.4 水质应急监测巡检信息查看界面

图 9.1.5 水质应急监测巡检断面详情界面

9.1.5 界面设计

1. 设计原则

（1）可视化前端：可视化前端界面设计宜减少用户增加、删除、修改等操作，通过图或表等方式展示用户关心的内容。

（2）业务端：业务端主要用户为维护管理人员，应考虑数据的查询、增加、删除、修改、上传、下载等，以及设备管理、数据审核等操作，数据多以表的形式展现。

（3）数据实时展示：界面应能够连续或间歇地展示水质监测数据，以全面反映水质状况。

（4）界面布局合理：水质监测展示内容分类布局，管理人员关心的重点内容，展示在可视化前端界面，需要操作维护的内容宜展示在业务端。

（5）操作便捷：系统界面应简单实用，易于上手，降低使用者的学习成本，方便用户快速掌握系统使用方法。

2. 水质监测分析界面设计

（1）可视化前端。以数字孪生丹江口工程水质监测分析可视化前端为例进行介绍，陶岔水质作为管理人员关心的重点内容，以醒目图标显示在界面左上角；库区及支流水质监测数据，按自动站与人工站分类展示在界面左侧，展示内容包括监测站名称、目标水质类别、当前水质类别及时间，通过单击任意站点，可详细查看该站点所有指标历史监测数据的变化曲线、各指标水质类别变化趋势，以及某一指标在某一段时间内的历史最大值、最小值、平均值和超标倍数等。界面右侧展示监测数据分析成果，包括综合营养评价、入库污染负荷及监测信息统计等。界面中间显示各监测站点地理位置图，通过单击站点名，可详细查看该站点水质数据，并以不同图标、不同颜色展示站点类型、水质类别等，详见图 9.1.6。

图 9.1.6 水质监测分析可视化前端界面

（2）业务端。以数字孪生丹江口水质安全监测分析业务端为例进行介绍，其主要板块包括监测数据、水质分析、站网管理、数据审核、巡检任务等。监测数据中水质专题涵盖了自动站实时数据、人工站监测数据、监测历史数据、地表水 109 项、底质数据及生物残毒等；外部数据主要共享了相关单位数据；水生态监测主要上传了人工监测的鱼类、浮游动植物数据等。水质分析以图及表的形式，结合单因子、多因子评价方法展示人工站、自动站数据评价分析结果。站网管理主要管理水质自动监测站的站点信息、实验室检测设备信息及自动站远程控制功能等。数据审核针对自动站实时监测数据，通过人工校核的形式，判别水质数据是否合理，经过审核后的数据才能入库。巡检任务用于在一定时间段内分批次定期开展湖库重点断面水质巡检任务，利用手机巡检 App 进行拍照、数据上传等，并通过数字孪生系统实时查看巡检人员运动轨迹、上传的数据和图片等，如图 9.1.7～图 9.1.9 所示。

图 9.1.7　水质安全监测分析业务端监测数据界面

图 9.1.8　水质安全监测分析业务端水质分析界面

图 9.1.9　水质安全监测分析业务端巡检任务界面

9.2　水质在线推演

9.2.1　功能描述

采用水质机理模型和智能模型等方法，对主要水质指标的浓度进行即时预见期的定量或定性分析。基于支流及水库水文水质实时监测数据，结合设置的即时预见期，调用水动力水质模型，推演支流及库区常规水质指标（总氮 TN、总磷 TP、氨氮 NH$_3$-N、高锰酸盐指数 COD$_{Mn}$ 等）的浓度变化过程。依托推演结果，制作发布预见期的预测推演成果。为确保预测推演的即时性，该业务通过监控数据库中水文水质数据更新情况，确定模型启动时间，实现数据进库，模型启动，以达到预测推演的即时性。

提供支流及库区流入流出信息展示、即时推演演变、超标区域计算、自定义区域成果统计、不同点位计算成果查看、不同水质级别区域绘制及统计、区域跨类查看分析等功能。

9.2.2　功能划分

主要是根据 16 条入库河流实时的流量和水质监测数据，以及坝前水位，自动调用水动力水质模型，在线快速计算，展示库区水体四项常规水质指标（TN、TP、NH$_3$-N、COD$_{Mn}$）浓度场的演进过程，实现水质浓度分布模拟、水质类别分析、跨类分析、关键点位分析等功能。①水质浓度分布模拟：根据库区及支流水文水质数据，利用三维水质模型，模拟库区不同水质指标浓度分布情况。②水质类别分析：根据三维水质模型结果，实时统计分析汉江水库、丹江口水库及库区平均浓度，比较相对于上次的变化情况，以及I类、II类、III类、IV类、V类水质的面积及面积占比。③跨类分析：针对垂向分层进行水质级别对比分析，标示出水质级别跨类区域。④关键点位分析：设定关键点位与兴趣点位，并对该点位进行水质浓度及水质级别监控，同时可以查看该点位的水质浓度趋势与垂向分布趋势。

交互功能：①下侧面板显示库区支流相应的入库流量柱状图，以及库区支流入库TP浓度柱状图（图 9.2.1），用户单击后会显示当前时刻整体的入库流量及浓度。②页面中选取了部分测站作为关键点位，单击关键点位中相应的测站，会将地图定位至选择的测站位置，并在下方显示出该点位水质指标浓度随时间的变化趋势，以及浓度的垂向分布折线图、各层的水质级别。③在浓度分布处，可以选择水质分级（图 9.2.2），之后模型会展示整个库区的水质级别图，可以直观地看出任意位置库区水体的水质级别。

图 9.2.1　入库 TP 浓度柱状图

图 9.2.2　水质分级功能

图层管理：①模型控制，可以自定义显示三维模型各层的浓度场，也可以使模型从底图中分离出来，更直观地看到垂向的浓度分布；②网格抬升，可以选中地图上任意一个网格，将其抬升出模型单独展示，同时在下方会弹出该网格的 TP 浓度变化趋势及垂向分布的折线图；③模型剖切，单击后会在地图上显示横截面，单击断面可以将该断面的模型进行抬升，并展示出该断面的水质状况。

9.2.3　业务流程

在线推演模块后台接入水质监测数据库，监测数据存储至数据库后，系统自动读取数据，实现全库区水质的即时推演（图 9.2.3）。进入页面后，页面三维场景动态展示推演结果，通过切换关键区域及垂向分层，展示不同垂向层与不同地理空间位置的污染物浓度推演结果。同时，通过相关操作可以实现对推演内容的分析，包括推演结果分析、垂向跨类分析、关键点位分析等。

在线推演结果会通过系统后台数据库链接至水质预警分析模块，为水质预警分析功能提供数据支撑。

9.2.4　功能设计

1. 库区水质推演

在线推演调用支流一维、库区三维水动力水质模型，根据设定的计算频率，每隔一定时间计算一次当前状态下库区 TN、TP、NH_3-N、COD_{Mn} 等的浓度分布，并以三维动态方式进行场景渲染与仿真展示。

2. 三维场景展示

在三维场景中，实现全库区点位推演信息与结果（如点位坐标、流速、水深、推演水质指标浓度等）的展示、水质指标浓度场的仿真场景演示及垂向浓度分层展示。三维场景结果默认为垂向浓度平均值，通过单击垂向不同层的复选按钮，实现所选层的显示与隐藏功能，通过旋转三维场景可查看当前模型结果下，水平不同位置、垂向不同层级相关水质指标浓度的分布情况。将关键区域（如陶岔、坝前、丹库中心等）单独进行划分与标注，通过单击相应关键区域按钮，对关键区域场景进行漫游及视角拉近，实现关键区域三维场景和推演结果的重点管理与分析。

3. 水质指标分析与评价

提供浓度分布分析及水质级别分析两个功能模块。

在浓度分布分析模块，对全库区水质指标浓度值的推演结果，实现自动智能分析统计，动态展示不同污染物指标的浓度最大值、最小值与平均值，对不同污染物在库区的浓度水平提供数值层面的精确把握。

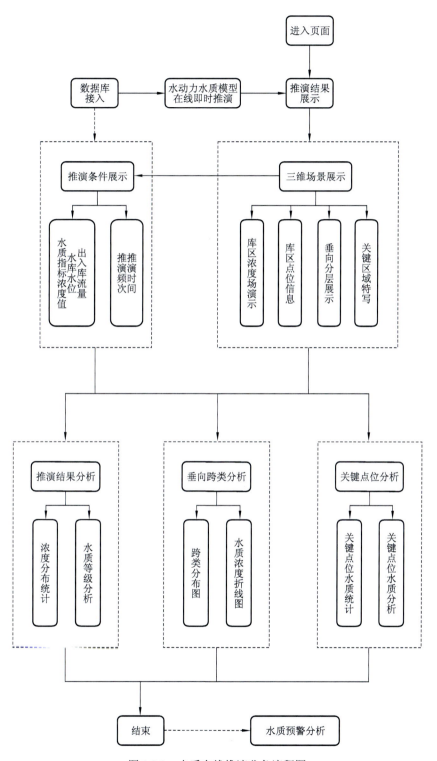

图 9.2.3 水质在线推演业务流程图

在水质级别分析模块，根据《地表水环境质量标准》（GB 3838—2002）中的水质级别分类标准，对库区不同水质指标的推演结果进行统计分析及展示，实现库区不同污染物指标及水质类别的库区面积占比统计。提供水质类别分析与三维场景耦合的水质类别展示功能，通过勾选不同类别的水质级别，在三维仿真场景中展示相应类别水质的分布情况，便于相关人员对不同地区的水质进行实时分类管理。

4. 垂向跨类分析

针对水质指标推演结果的垂向分异性，进行水质类别垂向分层对比分析，标示出水质级别跨类区域。

根据各层网格垂向水质浓度推演结果，结合《地表水环境质量标准》（GB 3838—2002）确定水质级别，对比同一位置垂向各层水质级别，进行跨类分析。判别方法：若同一位置各层水质级别相同，则将该区域标记为白色或无色，跨一个类标为蓝色，跨两个类标为黄色，跨三个类标为橙色，跨四个类标为红色。单击垂向跨类分析按钮，对库区全部区域的垂向分层水质类别统计判定完成后，形成并展示跨类分布图（默认情况下不显示）。在跨类分布图中，常规情况下通过单击跨类区域或色斑，弹出信息框，展示各层水质浓度及水质级别，同时在当前界面下方弹出折线图，展示不同层水质浓度折线图。

5. 关键点位分析

针对库区部分区域的重要性，设计关键点位分析功能。

业务端提供点位管理功能，可对关键点位、兴趣点位实现增加、删除、修改、查询等功能。设置关键点位与兴趣点位后，将监测该点位水质推演结果，动态展示其水质指标浓度值，并根据地表水环境水质评价标准判定其水质类别。同时，它提供点位水质变化趋势分析、垂向水质浓度分析、垂向水质类别分析等相关功能，三维地图也提供点位定位与查看的功能。

6. 通用工具

通用工具便于对三维场景进行管理与分析。通用工具的功能包括模型控制、网格抬升及模型剖切，控制图层的显示及隐藏等。隐藏非必要展示的图层可以突出显示推演结果，或者突出水质推演结果垂向演示功能。同时，它可以提供三维流场切换展示、垂向剖切分析展示的功能。

9.2.5 界面设计

实时推演、推演工况、点位管理、推演配置界面见图 9.2.4～图 9.2.7。

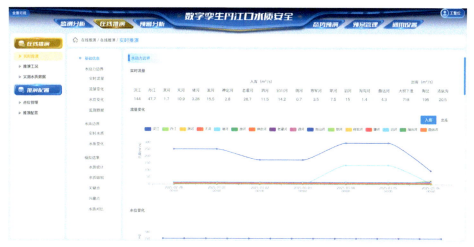

图 9.2.4　实时推演界面

图 9.2.5　推演工况界面

图 9.2.6　点位管理界面

图 9.2.7　推演配置界面

9.3　水质预警分析

9.3.1　功能描述

　　水质预警分析接入水质监测数据和模型推演结果，结合水质预警规则库中设置的告警等级与阈值，一旦发现水质异常，如污染物超标，立即触发预警机制，迅速定位污染源，通过预警发布，及时通知相关部门采取应对措施，有效防止水质恶化对环境和人类健康造成危害。本节涉及的水质预警分析主要包括监测告警、预测预警和预警发布。

9.3.2　功能划分

　　水质预警分析包括监测告警、预测预警和预警发布等。监测告警根据湖库及其支流监测断面数据，结合水质预警规则库中设置的告警等级与阈值，进行水质监测告警作业，实现对水质现状的分析展示和超标告警，自动筛选不达标的水质断面及断面超标指标。预测预警根据水质模型推演结果，结合水质预警规则库中的预警等级与阈值，对湖库及其入库河流模拟结果中可能发生的水质污染超标风险进行预测预警，高亮显示水质超标区域和入库污染超标项。预警发布根据监测告警及预测预警结果，自动生成预警内容，包括水质安全险情的类别、影响范围、超标位置或区域、告警或预警等级等，根据确定的权限和程序进行预警信息发布[1]。

9.3.3 业务流程

水质预警分析业务通过接入监测数据与模型预测数据，结合水质预警规则库中的预警等级、预警规则、预警阈值等，对水质情况做出智能化监测告警与预测预警，并在三维可视化场景中实现预警信息展示、关键区域标识等功能。预警产生后，通过平台进行实时查看与推送。

9.3.4 功能设计

1. 监测告警

监测告警直接接入水质安全底板数据，根据《地表水环境质量标准》（GB 3838—2002），利用单因子方法确定湖库断面或监测站的水质类别，通过与该断面或监测站的水质目标进行对比，结合知识库中的水质告警规则，确定水质告警级别、告警指标、超标倍数、告警站名（位置）等。同样地，确定目标湖库所有水质断面或监测站的告警信息，统计分析、展示水质断面或监测站告警个数、超标占比、水质级别占比等信息，如图 9.3.1 所示。

图 9.3.1　监测告警

2. 预测预警

预测预警数据来源于水质模型计算结果，包括现状水质预测数据和未来一段时间水质预报数据。利用知识库中的水质预警规则，确定水质模型中每个网格的水质类别和预警级别，通过区域融合算法，连接相同水质类别和预警级别的区域，将湖库超标区域分割成若干个超标预警区，结合预警规则和阈值，统计分析各超标预警区的超标面积、超标占比、超标指标、预警等级、预警区域位置等信息，并进行可视化展示，如图 9.3.2 所示。

图 9.3.2　预测预警

3. 预警发布

按照监测告警及预测预警结果信息，数字孪生系统自动生成预警内容，包括水质安全预警等级、预警位置、预警时间、影响范围、告警指标等。数字孪生系统按照红橙黄三级展示确定的预警信息，并通过权限设置，采用短信、App、平台等形式发布预警信息。

9.3.5　界面设计

1. 设计原则

（1）可视化前端：可视化前端界面宜通过醒目颜色或图标展示预警信息。

（2）业务端：业务端应具备预警信息的查询、统计及变化趋势分析等功能。

（3）具备预警提醒功能，当检测到水质异常时，应立即在界面上以醒目的方式显示，如闪烁的图标、红色警告或弹出消息等。

2. 水质预警分析界面设计

（1）可视化前端。以数字孪生丹江口工程水质预警分析可视化前端为例进行介绍，陶岔水质类别信息展示在界面左上角；陶岔水质类别信息下方以库区及支流分类展示监测站总数、正常数及超标数，并展示各水质类别占比；左下方展示超标站点信息，包括告警点位、告警指标、水质类别、告警等级，通过单击对应站点，可查看详细的站点超标信息。界面中间以地图形式展示告警站点位置，并以不同颜色展示超标等级，详见图 9.3.3。

图 9.3.3　水质预警分析可视化前端界面

（2）业务端。以数字孪生丹江口工程水质预警分析业务端为例进行介绍，业务端相比于可视化前端，通过图、表更加详细地展示系统预警信息并实现对预警信息的管理。水质预警分析业务端通过图的形式醒目展示预警数量、预警等级等，以表的形式展示预警站点、告警级别、水质类别、告警指标及告警时间等，同时以图的形式展示水质类别变化趋势，详见图 9.3.4 和图 9.3.5。

图 9.3.4　水质预警分析业务端预警看板界面

图 9.3.5　水质预警分析业务端监测告警列表界面

9.4　水质安全态势预演

9.4.1　功能描述

　　水质安全态势预演业务通过设计一系列针对不同场景、不同时段的水质安全态势预演功能模块，进行全库区多场景的水质安全态势预演推算。区别于水质在线推演自动接入数据推算实时水质功能，水质安全态势预演针对不同时间段、不同水质指标、不同模拟场景，提供自定义推演条件进行全库区水质预演的功能，同时提供对突发水污染过程进行推演、模拟分析的相关功能。其主要功能包括：水质事件历史复演、自定义情景水质预演（常规水质指标）、突发水污染过程预演。

9.4.2　功能划分

1. 水质历史复演

　　选定历史时段，自动调取数据库内监测数据，模拟复现湖库水系统对应历史情景下水动力与水质指标迁移演变过程，实现典型历史事件水库水质演变客观规律的分析展示（图 9.4.1）。

1）水质边界展示

　　（1）显示建立的历史复演情景的推演水质指标、推演模型、推演时段等基本信息，可同时推演多个指标。

图 9.4.1 历史复演详情页

（2）显示 16 条主要支流的入库流量、3 个站点的出库流量及库区风速风向条件。

（3）显示 16 条主要支流的入库污染物浓度。

2）水质推演结果分析

（1）显示推演水质指标的三维分层浓度等级占比统计结果。

（2）显示关键点位与兴趣点位两个重点区域的浓度数值与等级；显示区域水质历史同比与环比分析结果；单击对应点位，中间地图会自动跳转到所选择的点位的位置，并在下方弹出窗口，展示该点位的浓度变化趋势和浓度垂向分布。

3）三维浓度场动态渲染

（1）在三维仿真地图上进行浓度场渲染，展示推演结果。

（2）提供推演进度条，可动态演示浓度演变情况。

4）图层管理工具

（1）模型控制：可以自定义显示三维模型各层的浓度场，同时能抬高模型，使模型从底图中分离出来，更直观地看到垂向的浓度分布。与水质在线推演不同，其还提供了三维流场的展示功能，随着播放的进行，实时展示当前区域的流场情况。

（2）网格抬升：可以选中地图上任意一个网格，将其抬升出模型单独展示，同时在下方会弹出该网格的浓度变化趋势及垂向分布的折线图。

（3）模型剖切：单击后会在地图上显示横截面，单击断面可以将该断面的模型进行抬升，并展示出该断面的水质状况。

2. 自定义情景水质预演

通过自定义情景设置，选择不同的边界条件输入模型，实现对多情景下各监测站点常规污染物浓度及其在水库、河流和湖泊中迁移演变过程的预演。通过接入供水安全、防洪安全等预测水文信息，实现汛期洪水来临时的水质指标模拟。通过新增页面并设置情景基本参数、初始条件与边界条件，未来可接入预测洪水等防洪信息直接进行计算（图9.4.2）。

图 9.4.2　自定义情景预演详情页

1）情景基础信息展示

（1）显示自定义情景事件的描述，以及推演时段、推演指标、初始水位等基础信息。

（2）显示主要支流的出入库流量，以及入库污染物浓度。

2）情景推演结果分析

（1）显示推演水质指标的浓度等级占比。

（2）显示关键点位与兴趣点位两个重点区域的浓度数值与等级。提供水质跨类分析与水质等级分布等深入分析的功能，针对关键点位分析，提供兴趣点位的任意选取功能、地图上任意点位三维浓度场的提取展示功能及剖面分析功能。

3）三维渲染展示

在三维仿真地图上进行浓度场渲染，展示推演结果。

4）图层管理工具

（1）模型控制：可以自定义显示三维模型各层的浓度场，同时能抬高模型，使模型从底图中分离出来，更直观地看到垂向的污染物浓度分布。同时，其还提供了三维流场的展示功能，根据进度条的变化，实时展示当前区域的流场情况。

（2）网格抬升：可以选中地图上任意一个网格，将其抬升出模型单独展示，同时在下方会弹出该网格的浓度变化趋势及垂向分布的折线图。

（3）模型剖切：单击后会在地图上显示横截面，单击断面可以将该断面的模型进行抬升，并展示出该断面的水质状况。

3. 突发水污染过程预演

开展突发水污染事件（特殊污染物，任意点位）应急快速模拟，模拟污染团的输移扩散过程，并实现扩散过程的仿真预演，掌握突发水污染的影响范围和程度（图9.4.3）。

图9.4.3 突发水污染过程预演详情页

1）突发水污染事件基础信息展示

（1）显示突发水污染事件的描述，以及推演时段、推演指标等基础信息。

（2）显示突发水污染事件的位置、污染物类型、污染物浓度、排放时长等基本污染信息。

（3）显示主要支流的出入库流量，以及入库污染物浓度等水文水质信息。

2）污染事件分析

（1）显示污染物浓度历程，包括该点位的污染物浓度及其与陶岔渠首的距离。

（2）通过智能化算法推算突发事件中污染物的影响范围与影响程度并进行展示，显示污染物历程情况，如污染团影响的面积、范围及污染物团内峰值浓度情况。

3）污染事件三维渲染及跟进

（1）在三维仿真地图上进行浓度场渲染，展示推演结果。

（2）提供推演进度条，可动态演示污染物浓度演变情况。

（3）通过智能化算法推算并预判该污染事件是否会影响陶岔渠首或还有多久影响陶岔渠首。在界面上方以表格形式显示污染物的实时历程，以及当前时刻污染物前锋与陶岔渠首的距离、污染推进速度、陶岔渠首的实时污染物浓度。

4）图层管理工具

（1）模型控制：可以自定义显示三维模型各层的浓度场，同时能抬高模型，使模型从底图中分离出来，更直观地看到垂向的浓度分布。

（2）污染物粒子示踪：选择后会隐藏三维浓度场，以红点的方式展示污染物前锋随时间的运动轨迹。

9.4.3 业务流程

1. 历史复演

水质安全态势预演业务历史复演模块以典型历史复演库的管理与使用为核心，通过对历史场景的新增、管理、计算及展示实现历史复演模块的功能。进入页面之后，通过新增历史复演场景，选定复演日期与推演指标，系统接入该时段的监测数据与其他场景条件，自动形成并保存为典型历史复演库中的历史复演场景。对于典型历史复演库中的历史复演场景，展示其基本信息，并提供场景修改及推演计算的功能。对于推演完成的历史复演场景，展示推演结果的三维仿真场景，并实现流场浓度场切换展示、关键区域水质类别判定、水质类别统计、关键点位统计分析、历史对比等分析功能（图9.4.4）。

2. 自定义情景预演

水质安全态势预演业务自定义情景预演模块以自定义情景库的管理与使用为核心，通过对自定义情景的新增、管理、计算及展示实现自定义情景预演模块的功能。进入页面之后，通过新增自定义推演情景，自由选择推演的情景（包括推演时长、推演指标、情景水文水质条件等），系统接入当前情景下的推演条件参数，自动生成并保存为自定义情景库中的自定义情景。同时，其提供对不同情景下的推演条件参数修改的功能，实现精细化的情景设置。对于自定义情景库中的自定义情景，展示其基本信息，并提供情景修改及推演计算的功能。对于推演完成的自定义情景，展示推演结果的三维仿真场景，并实现流场浓度场切换展示、关键区域水质类别判定、水质类别统计等分析功能（图9.4.4）。

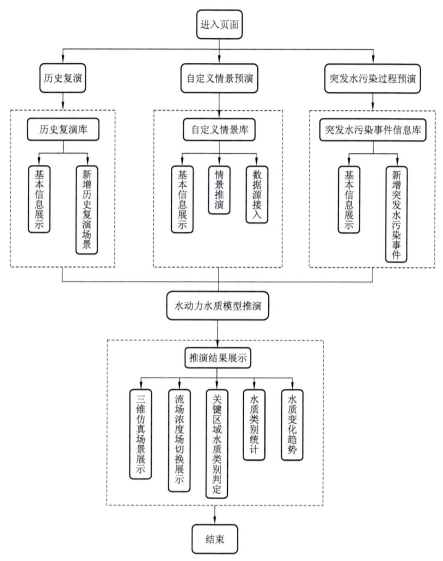

图 9.4.4　水质安全态势预演业务流程图

3. 突发水污染过程预演

构建了突发水污染事件信息库，在该信息库中整合了过去发生的突发水污染事件的相关信息；提供对突发水污染事件的展示功能，可以查看突发水污染事件的详细信息，并能将历史突发水污染事件以报告形式推送给相关部门（图 9.4.4）。

基于水动力水质模型（突发污染场景模式），对突发水污染事件情景进行设置（污染源强度、污染物类型、发生时间、地点），开展突发水污染事件应急快速模拟，模拟不同事故发生位置下不同浓度污染团在水体中的输移扩散过程，结合三维可视化全景仿真和流场、浓度场渲染技术，实现突发水污染事故扩散过程的仿真预演。支持突发水污染发生位置地图选点等交互功能。

突发水污染事件模拟情景分析：通过污染物模拟预演，确定污染物扩散方向、速度、危及范围、影响对象（如陶岔渠首、取水口）和影响程度，提供污染事件影响和态势发展分析的统计图表展示功能。

9.4.4　功能设计

1. 历史复演

通过选定的历史时段与推演水质指标，系统将对应时段内的监测数据（水质、流量、水位等数据）接入，并自动调整模型边界条件。提供直接计算与典型历史复演库储存管理功能，对于确认时段与推演指标的历史场景，均存入典型历史复演库进行管理，实现典型历史事件的基本信息展示、推演、删除功能。针对典型历史场景，模拟复现湖库水系统水动力与水质指标迁移演变过程，实现典型历史事件（如 TP 浓度升高）水库水质演变客观规律的三维仿真场景展示。对于推演完成的典型历史场景，进入场景之后，提供场景分析功能，包括流场与浓度场的切换展示、关键区域水质统计、全库区水质多类别统计、水质指标变化趋势分析等功能。

（1）在开始时间及结束时间输入历史复现的时间段，选择计算的污染物指标，保存场景后，后台模型调用数据库中该时间段内的水文水质数据进行场景推演。

（2）推演完成后，可查看该时间段内水动力水质分布及统计情况（以折线图、饼状图及其他形式进行展示）。

（3）提供关键点位分析功能，可查看关键点位、兴趣点位的水质指标浓度、水质等级，同时提供垂向水质分析及水质变化趋势分析等功能。

（4）提供历史对比功能，可查看关键区域近五年水质的历史同比、环比分析数据，以折线图形式展示其变化趋势。

（5）提供典型历史复演库管理功能，可查看已保存的历史场景，选择某一历史复演库内容，单击"详情"可展示该历史复演的相关信息，包括复演时间、相关复演污染物浓度指标。

2. 自定义情景预演

通过对不同支流入流水动力过程、污染物负荷、气候变化（如大暴雨或极端干旱天气）、其他条件（如面源污染治理工程实施）等多情景进行设置，形成流域内不同环境条件情景组合的模型边界条件。系统默认给出相应的情景条件数据，通过相关操作可对情景进行深入展示与修改。

在新增自定义情景页面下，选择不同的输入条件，包括情景名称、情景时长、水库水位、推演指标、多种水文水质条件数据源，自动接入并显示其水文水质边界条件，单击保存则储存于自定义情景库中,提供详情查看、修改、展示、预演、删除等功能。通过自定义情景预演功能,实现对多情景下各监测站点常规污染物浓度及其在水库、河流中迁移演变过程的预测预演与分析。对于推演完成的自定义情景,进入情景之后,提供情景分析功能,包括流场与浓度场的切换展示、关键区域水质统计、全库区水质多类别统计、水质指标变化趋势分析等功能。

(1)设置不同的预演情景数据后,模型自主选择距当前时间最近的一组情景数据作为边界条件(用户也可自定义边界条件),并展示在左框,用户可同时设置多个情景。

(2)单击保存,后台调用模型设置数据进行计算,运算完成后,可查看该时间段内水动力水质分布及水质统计分析结果(以折线图、饼状图及其他形式进行展示)。

(3)用户可在自定义情景库中对设置的情景进行管理,如编辑、删除、查看等操作,也可以接入防洪调度数据、水文水质实测数据等多种数据。

3. 突发水污染过程预演

结合丹江口水库的水文水质预报信息,设定不同情景目标,利用水动力水质模型,对不同来水来污、调度情景进行模拟计算,正向预演出风险形势和影响。同时,依托 L2 级、L3 级数据底板和实景三维场景,采用 GIS、虚拟现实(virtual reality,VR)等技术,实现多尺度、多维度的可视化仿真。

基于水动力水质模型,通过不同情景的边界条件设置,预测污染物在入库河流和水库中的演变过程,掌握库区水体中污染浓度的时空变化与安全态势。开展突发水污染事件污染团输移扩散过程的应急快速模拟,并实现扩散过程的仿真预演,掌握突发水污染的影响范围和程度,提供水质安全事件历史复演功能。

在这个板块中包含以下功能:突发水污染事件快速推演、突发水污染事件模拟情景管理、突发水污染事件模拟情景分析等(图 9.4.5)。

(1)用户可设置不同突发水污染事件情景,设定污染源强度、污染总量、污染源位置、污染物类型等,系统自动调用突发污染推演模型进行快速推演。

(2)通过智能化算法计算污染物推进历程、污染物影响范围、污染影响程度、污染前锋与陶岔渠首的距离、污染物预计到达陶岔渠首的时间等,并进行展示。

用户单击新增,可以自定义情景名称、工况名称、情景描述,并选择想要计算的时间段及输出。同时,可以选择污染源的位置,根据位置的不同,系统会进行自动区分,当选择库中污染源时,可以在地图上单击任意位置作为污染源的排放点,系统自动识别出该点的坐标,在面板上显示。选择污染物的种类、浓度及排放时间后,再选择输入的初始条件,便可实现情景实时在线推演。选择污染源位于支流时,只需要在初始条件中手动输入该支流处的污染物浓度便可在线预演该情景。

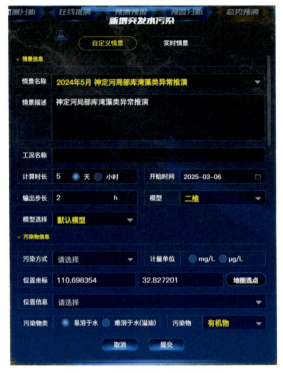

图 9.4.5　新增突发水污染页面

9.4.5　界面设计

复演分析、复演结果、自定义情景工况列表、自定义情景配置、数据源管理、突发水污染工况列表、突发水污染配置界面见图 9.4.6～图 9.4.12。

图 9.4.6　复演分析列表界面

图 9.4.7 复演分析详情界面

图 9.4.8 自定义情景工况列表界面

图 9.4.9 自定义情景配置界面

图 9.4.10　数据源管理界面

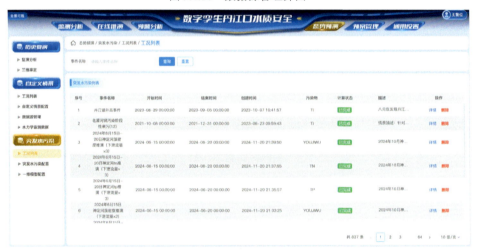

图 9.4.11　突发水污染工况列表界面

图 9.4.12　突发水污染配置界面

9.5　水质安全预案管理

9.5.1　功能描述

　　根据水库污染风险及突发水污染事件预演，结合预案知识库中的应急监测规则，自动生成应急监测方案，包括监测阶段、监测断面、监测指标及监测频次的确定，并可根据用户需求进行自定义修改。根据突发水污染事件模拟结果，设置相关处置方案，进行模拟分析，对比不同处置方案的处置效果，实现处置方案优化，并提出最合理的处置建议。

9.5.2　功能划分

　　1. 应急监测

　　（1）根据典型污染事件及突发水污染事件，展示情景或工况基本信息及污染物扩散时间历程，并自动生成应急监测方案。

　　（2）针对应急监测方案，用户可根据需求进行自定义修改，如增删监测断面、修改监测频次。

　　（3）应急监测方案以可视化形式在平台界面中展示，可根据用户需要，导入用户自定义方案，并导出自动生成的方案，形成矢量文件，以便现场查勘使用。

　　2. 应急处置

　　（1）根据突发水污染事件模拟结果，可使用多种方案进行处置：污染拦蓄、污染削减、应急调度。

　　（2）根据不同处置方案，调用突发污染应急处置模型进行快速模拟推演，获得处置后突发污染物在河道及库区的演进过程。

　　（3）根据模拟推演结果，采用智能化算法计算污染物历程、污染团对陶岔的影响程度。

　　（4）利用模型模拟处置效果，并进行对比分析，获得最优方案。

9.5.3　业务流程

　　水质安全预案管理主要是指根据突发水污染事件预演结果制订预案并进行管理执行的过程。业务流程如图9.5.1所示。

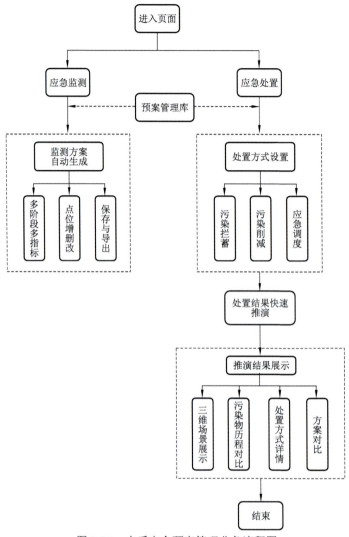

图 9.5.1　水质安全预案管理业务流程图

　　应急监测：通过接入水库污染风险或突发水污染事件场景模型数据，提取场景信息、计算结果等，展示污染物迁移历程，结合知识库中应急监测阶段、监测站点、监测指标、监测频次的计算规则，根据用户设置的应急监测阶段数量，自动生成突发水污染事件应急监测方案，该方案可根据用户需求，进行查看、编辑、删除等操作。

　　应急处置：根据不同设置下的污染拦蓄、污染削减、应急调度等突发水污染处置方案，调用预案处置推演模型，针对不同应急预案进行模型计算，并对比结果，筛选出最优预案。

9.5.4　功能设计

　　水质安全预案管理业务应用主要包括应急监测及应急处置。

1. 应急监测

1）污染历程信息展示

应急监测模块接入突发水污染场景，根据选择的场景，显示污染源信息，包括污染源所在位置、污染物类型、污染物浓度、流量及排放时长等，同时根据突发水污染模型计算成果，应急监测模块自动分析计算整个污染历程，包括到达某监测断面的时间、到达时的污染物浓度及当前位置与陶岔的距离等。

2）应急监测方案自动生成

提供应急监测方案自动生成功能。根据选定的污染风险或突发水污染场景，基于预演成果，结合知识库中设置的应急监测规则，自动生成应急监测方案，方案包括应急监测阶段、监测站点、监测指标、监测频次等内容，同时，用户可根据需求，修改应急监测方案，包括方案中监测阶段的选择、监测站点的添加和删除、监测指标及监测频次的修改等操作。

2. 应急处置

（1）处置方案设置：根据突发水污染事件模拟结果，可使用污染拦蓄、污染削减、应急调度等多种方案进行处置。根据不同处置方案，调用突发污染应急处置模型进行快速模拟推演，获得处置后突发污染物在河道及库区的演进过程。

（2）污染拦蓄：通过知识库中记录的河流库区橡胶坝、拦河坝等点位，在三维地图上生成拦蓄点位，通过设置拦蓄点位的方式，达到拦污挡流的效果，减缓污染物流入库中的速度，同时生成拦蓄池便于污染削减。

（3）污染削减：根据不同污染事件推荐不同的处置药品，以物理吸附或化学沉降的方式削减污染物浓度。絮凝剂投放点位为形成拦蓄池的位置，可以设置投放时长与投放总量，以控制处置效果。

（4）应急调度：通过控制主要支流来流量及库区泄流量，将污染物滞留于河道处或从库区加速排出，以保证陶岔点位的水质不受影响。

（5）处置方案对比：根据模拟推演结果，采用智能化算法计算污染物历程、污染团对陶岔的影响程度，利用模型模拟处置效果，并进行对比分析，获得最优方案。

9.5.5 界面设计

应急监测点、水质降解管理、对比断面管理界面见图 9.5.2～图 9.5.4。

图 9.5.2　应急监测点界面

图 9.5.3　水质降解管理界面

图 9.5.4　对比断面管理界面

参 考 文 献

[1] 林莉, 李全宏, 曹慧群, 等. 数字孪生丹江口水质安全建设挑战与举措[J]. 中国水利, 2023(11): 32-36.

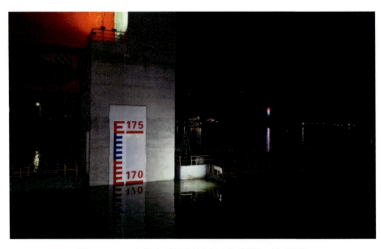

第 **10** 章

应 用 实 例

10.1　丹江口水库秋汛 170 m 蓄水

　　丹江口水库由汉江、丹江汇集而成，两江交汇不仅提供了丰富的水资源，还对丹江口水库水动力水质模拟提出了挑战。针对丹江口水库水质实时掌控、趋势研判、预测预警的管理需求，融合监测感知、机理模型、立体仿真等手段，经过一年的技术创新研发，在丹江口水库构建了以三维水动力水质模型为核心的模型库，打造出了具有在线推演、预警分析、态势预演、预案管理功能的水质"四预"智能应用体系，并在 2023 年秋汛蓄水保障水质安全方面得到了实战检验。

　　2023 年 9 月以来，受持续性强降雨影响，汉江流域降雨量较往年偏多 1.1 倍，发生明显涨水过程。进入 10 月，汉江中下游重要控制站皇庄站（湖北荆门）10 月 2 日 22 时水位涨至 48.02 m，超过警戒水位（48.00 m）0.02 m，依据水利部长江水利委员会《长江干流石鼓至寸滩江段和流域重要跨省支流洪水编号规定》，汉江发生 2023 年第 2 号洪水。10 月 3 日 8 时，丹江口水库水位为 168.17 m，为确保汉江中下游行洪安全，10 月 12 日 19 时，丹江口水库蓄至 170 m 正常蓄水位，是大坝加高后第二次蓄满（图 10.1.1）。

图 10.1.1　大坝加高后丹江口水库第二次蓄满

在 2023 年秋汛过程中，水利部高度重视汉江秋汛防御工作，要求强化预报、预警、预演、预案"四预"措施，细化实化各项防御工作。自 2023 年 9 月 28 日起，利用数字孪生丹江口工程开展水质安全推演工作。

受强降雨影响，洪水汇入将大量上游污染物带入水库，9 月 29 日，数字孪生系统发出汉江总磷 TP 浓度升高告警。系统每日采用最新的库区水文、水质监测数据以及丹江口水库预报调洪演算成果，调用数字孪生系统的三维水动力水质模型等，实时研判库区水质安全形势。

10 月 7 日水文预报成果显示，丹江口水库预计在 6 日后（10 月 13 日）蓄水到 170 m，基于 9 月 29 日～10 月 7 日实测的库区水文、水质数据和 10 月 7 日的水文预报数据，推演 9 月 29 日～10 月 13 日库区 TP 的浓度分布和变化趋势（即 9 月 29 日～10 月 7 日为历史复演，10 月 8～10 月 13 日为预测预报），分析水库蓄水到 170 m 过程中 TP 在库区内的扩散演进过程及其对丹江口水库和陶岔渠首水质的影响。

丹江口水库包括汉库部分和丹库部分，推演结果表明，汉江高浓度 TP 约在 10 月 1 日到达肖川-龙口监测站点（图 10.1.2），约在 10 月 4 日扩散到坝前（图 10.1.3），整个汉库 TP 浓度比本底值升高，大部分污染物随大坝泄流过程向下游运移，未进入丹库，4 日以后水库下泄流量逐渐减少，库水位逐渐抬升，部分污染物逐渐向丹库推进，约在 10 月 9 日扩散到凉水河-台子山监测站点，13 日水库将蓄水到 170 m，推演结果显示汉库 TP 浓度总体平稳（图 10.1.4 和图 10.1.5）。

图 10.1.2　汉江高浓度 TP 约在 10 月 1 日到达肖川-龙口监测站点

水库蓄水至 170 m（10 月 12～13 日）时，汉江高浓度 TP 已从河口扩散至丹江口大坝，汉库 TP 浓度比本底值有一定提高，超过地表水 II 类湖库水质标准，但大部分污染物随大坝泄流过程向下游运移，少量污染物向丹库移动，基本未进入丹库，丹江入库 TP 从河口大约扩散至老城镇，丹库中心和陶岔的 TP 浓度暂未受到影响，水质稳定在 II 类以上（图 10.1.6）。

图 10.1.3　汉江高浓度 TP 约在 10 月 4 日到达坝前

图 10.1.4　丹江口水库蓄至 170 m 时 TP 浓度分布

图 10.1.5　丹江口水库蓄至 170 m 时库区水动力场

图 10.1.6 丹江口水库入库 TP 大约扩散至老城镇

为保障水质推演的精度，数字孪生丹江口工程每日根据最新实测数据，对前期模型推演结果进行复盘和验证。以 10 月 7 日为例，陶岔站、马蹬站、青山站、1 号船陶岔界站、2 号船仓房香花镇站（移动监测船）、3 号船坝前站模拟值与实测值的误差基本处于 10% 以内。根据 9～12 月预测推演与后来真实监测数据的对比可以发现，除个别监测站点外，总体上水质推演精度控制在 15% 左右，基本可以满足实际模拟推演的应用需求。

数字孪生丹江口工程为我国首个在大型水库满蓄中深度运用的数字孪生工程，基于数字孪生丹江口工程水动力水质模型，实现了 2023 年秋季洪水期水质滚动推演与跟踪分析，为保障汉江秋汛防御与丹江口水库 170 m 蓄水过程中的库区水质安全提供了科学支撑。

10.2 旱涝转化条件下丹江口水库磷浓度分布及趋势变化

水质安全"四预"平台作为数字孪生丹江口工程的重要建设内容，初步实现了丹江口水库水质精准化模拟、在线实时推演、三维可视化仿真及风险决策管理等功能。采用 2021 年监测数据对三维水动力水质模型进行验证测试，TP 等关键指标模拟与实测的过程曲线吻合较好，垂向断面模拟水质趋势与实测水质趋势一致，统计误差在 20% 以内，能较准确地反映库区的水质变化过程和分布，部分验证结果如图 10.2.1 所示。

2021 年汉江流域出现了多年未遇的强降雨天气，库区水位持续升高，而 2022 年汉江流域汛期持续高温少雨，库区水位持续下降。本节以 2022 年旱涝转换条件下库区 TP 推演为例，利用验证后的模型和水质安全"四预"平台进行历史事件复演分析。

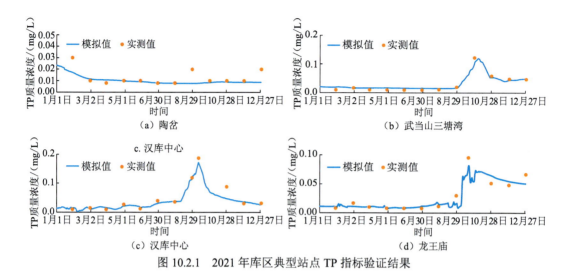

图 10.2.1　2021 年库区典型站点 TP 指标验证结果

2022 年，长江中下游及川渝地区 7～11 月持续高温少雨，遭遇夏秋连旱，汉江流域发生严重枯水，丹江口库区水位持续下降，出现了严重的区域性和阶段性干旱。为研究由涝转旱条件下丹江口库区 TP 演变过程，利用水质安全态势预演功能，通过设置特定情景，实现干旱条件下支流及库区水体中污染物迁移变化过程的推演。

通过模拟计算可知，2022 年丹江口水库 TP 质量浓度相比于丰水年、平水年有所降低，库区污染超标区域主要集中在老灌河、神定河及汉江、丹江上游干流河段，汉库 TP 质量浓度相比于丹库略高，超标区域较小，TP 质量浓度分布如图 10.2.2 所示。7～10 月丹江口水库全库 TP 平均质量浓度为 0.013～0.018 mg/L，库区 TP 达到 II 类水质标准的

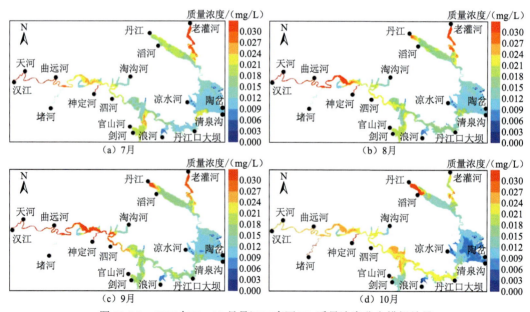

图 10.2.2　2022 年 7～10 月丹江口库区 TP 质量浓度分布模拟结果

水域面积占比为 80.0%～90.7%，达到 III 类水质标准的水域面积占比为 99.4%～99.6%，干旱条件下，流域降雨、上游来水较少，入库污染负荷相应减少，库区水质较好。

基于水质安全"四预"平台，推演分析丹江口水库涝旱年份库区 TP 迁移演化过程和分布规律，对 2022 年特枯年份水质风险及影响因素进行分析，制订党的二十大期间加密监测方案，在保障首都供水安全等实际管理工作中发挥了重要支撑作用。

10.3　数字孪生南水北调中线

10.3.1　南水北调中线简介

南水北调中线工程是从长江最大支流汉江中上游丹江口水库调水（水源主要来自汉江），在丹江口水库东岸河南淅川境内的工程渠首开挖干渠，经长江流域与淮河流域的分水岭方城垭口，沿华北平原中西部边缘开挖渠道，通过隧道穿过黄河，沿京广铁路西侧北上，自流到北京颐和园团城湖的输水工程。

输水干渠地跨河南、河北、北京、天津 4 个省（直辖市）。受水区域为沿线的南阳、平顶山、许昌、郑州、焦作、新乡、鹤壁、安阳、邯郸、邢台、石家庄、保定、北京、天津 14 座大中城市。重点解决河南、河北、北京、天津 4 省（直辖市）的水资源短缺问题，为沿线十几座大中城市提供生产生活和工农业用水。供水范围内总面积为 15.5 万 km^2，输水干渠总长 1 277 km。

10.3.2　数字孪生南水北调中线水质安全简介

截至 2024 年 12 月，南水北调中线工程已累计调水超 687 亿 m^3（含东线北延应急供水工程），为 1.76 亿人提供了水安全保障，是沿线 26 座大中城市 200 多个县（市、区）经济社会高质量发展的生命线。

保障南水北调中线总干渠输水水质安全，是支撑京津冀豫经济社会高质量发展，助力华北地区河湖生态环境复苏，提升受水区人民获得感、幸福感和安全感的政治责任。针对南水北调中线总干渠距离长、跨渠桥梁多、潜在水质突发污染风险点分布广的实际现状，利用数字孪生技术进行数字化场景构建和智慧化模拟，研发了具有完全知识产权的长距离渠涵闸复杂输水系统水质预报模型，创新了突发污染快速精准模拟与一体化处置技术，实现了中线总干渠全线水质浓度场时空演变全过程的滚动实时预报预警、突发水污染输移扩散的快速高效在线推演、突发水污染一体化应急退水处置的在线推演及优化处置，通过海量高频实时数据、机理模型集成与多业务融合回馈，提供了"在线推演+预警分析+应急处置"全链条解决方案，实现了水质智慧化管理，为南水北调中线水质安全提供了可靠的技术保障。

数字孪生南水北调中线 1.0 是全国首批数字孪生流域建设先行先试工程。经过专家组验收评估、现场复核、集中评选、公示等环节，数字孪生南水北调中线 1.0 从 94 项数字孪生先行先试工程中脱颖而出，被水利部评选为数字孪生水利建设十大样板。

1. 动态实时掌握南水北调中线全线水质监测现状

数字孪生南水北调中线 1.0 接入了南水北调中线全线 13 座自动站和 30 个固定断面的实时水质监测数据，并共享了丹江口水库水源地 7 座自动站的水质监测数据，可随时查看全线水质监测动态详情信息，实时评估总干渠整体水质状况，见图 10.3.1。

图 10.3.1　数字孪生南水北调中线 1.0 水质监测页面

基于实时监测数据，从空间和时间两个维度对监测指标进行趋势分析与相关性分析。将实时监测数据与南水北调中线水质阈值标准（III 类水）进行匹配分析，从而进行水质监测告警，并支持对告警信息的闭环处置。

2. 全线水质预测

依托实时水质监测信息，系统耦合大数据水质预测模型和机理水质预测模型进行水质预测，并结合入渠水质情况，于每日零时自动预测未来 7 天全线 9 项指标的变化情况，实现总干渠水质状况的提前预测。基于水质预测数据，从空间和时间两个维度对预测指标进行趋势分析与相关性分析，见图 10.3.2。

3. 水质指标预警

将水质预测数据与南水北调中线水质阈值标准（III 类水）进行匹配分析，从而进行水质预测数据超阈值预警。对水质监测站点未来可能出现的水质风险状态及时进行预警，水质预警信息以高亮或闪烁方式提醒，为应对水质变化提供充足的时间。

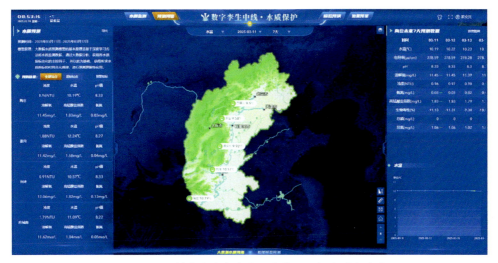

图 10.3.2　数字孪生南水北调中线 1.0 水质预测页面

4. 模拟预演、处置预案

模拟预演是水质保护的核心。针对南水北调中线总干渠跨渠桥梁交通事故引发的突发水污染事件，通过建立一、二维水污染扩散模型并耦合退水闸退水模型，实现了开敞式渠道任一位置发生污染事件后的扩散模拟，并结合闸站调度实现了精准退水和精准处置全过程的智慧化模拟。

全线一维水污染扩散模型自动接入总干渠工程调度数据，仿真预演污染物在渠道中的运移扩散过程，实现全线 1 059 座桥梁、69 个左排跨渠渡槽、20 大类 238 种污染物的模拟预演。可实时追踪污染前锋位置、中心位置、最大浓度、扩散速率、污染水量、距离关键断面的长度和时间等关键特征参数，从多个纬度分析掌握污染物在渠道内的全生命周期数据，为污染物应急处置提供关键数据，见图 10.3.3。

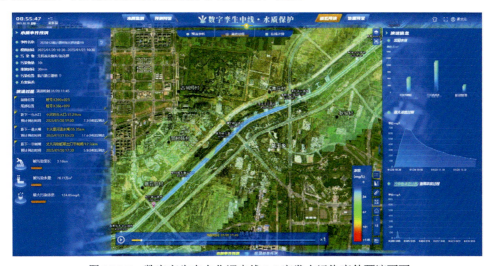

图 10.3.3　数字孪生南水北调中线 1.0 突发水污染事件预演页面

10.3.3　数字孪生南水北调中线水质安全应用

假定郑州郑上路公路桥发生突发水污染事件。

某天上午 8:10 在郑州郑上路公路桥发生交通事故，一辆载有 10 t 危险化学品"浓硫酸"的车辆侧翻至渠道内，污染物泄漏流入总干渠，持续时间约 30 min。

系统接入上报的突发污染物信息，并结合当前渠道水情、工情信息，调用二维污染物输移扩散模型，模拟预演污染物在总干渠内的扩散过程。预演结果表明：事件发生 2 h 15 min 后，污染物到达前蒋寨分水口，4 h 45 min 后将扩散至索河退水闸，最大污染渠长为 5.8 km。

根据污染物扩散预演情况，系统可进行应急处置预演。通过应急调度，设置在污染事件发生 2 h 53 min 内关闭索河节制闸、打开索河退水闸、减少金水河倒虹吸节制闸流量至 132.5 m³/s 进行污染物退水，并在退水河道下游设置拦蓄措施避免河道二次污染。应急处置预演结果显示，污染物在污染事件发生后 6 h 到达索河退水闸，在 10 h 内完全退出总干渠，总干渠恢复正常通水。